LE LUPIN,

SA

CULTURE ET SES USAGES.

Bruxelles, imp. et lith. de Ch. TORFS, rue de Louvain, 108.

PIERRE JOIGNEAUX

LE LUPIN,

SA

CULTURE ET SES USAGES,

PAR

M. J. P. J. KOLTZ,

Ancien élève diplômé de l'Académie agricole et forestière de Hohenheim, Secrétaire général du Cercle agricole et horticole du Grand-duché du Luxembourg, etc., etc.

BRUXELLES,

LIBRAIRIE AGRICOLE D'ÉMILE TARLIER,

5, Montagne de l'Oratoire, 5.

A

Monsieur Pierre Joigneaux.

Hommage de l'auteur.

—

A Monsieur Pierre Joigneaux.

En plaçant votre nom en tête de ce travail, j'ai voulu résumer la pensée qui m'a guidé dans sa rédaction et indiquer d'un trait de plume le but que je poursuis. Cette pensée, toute au progrès agricole, est le cachet de vos écrits; ce but est celui que vous poursuivez et qui a fait en Belgique le succès des conférences dont vous êtes le promoteur. Mon livre est donc à la fois un hommage rendu à l'agriculture progressive et la preuve que je suis à la recherche des moyens de faire disparaître les terrains incultes qui déparent encore certaines contrées et sont un blâme permanent à l'adresse du cultivateur.

Attaché, de longue date, à la rédaction de la *Feuille du cultivateur* que vous avez fondée, et à laquelle nous maintenons l'un et l'autre notre concours, je me suis autorisé de cette confraternité pour vous offrir cette marque d'estime et constater un accord de sentiment qui, au milieu de circonstances différentes, a permis que tous deux étrangers à la Belgique, nous nous rencontrions à la poursuite d'un résultat commun qui sera le progrès de l'agriculture belge.

KOLTZ.

MERSCH, juin 1863.

PRÉFACE.

L'introduction définitive d'une plante nouvelle dans la pratique journalière de l'agriculture est un fait extrêmement rare; le plus souvent, il est le résultat d'efforts pour ainsi dire séculaires, comme le prouve d'ailleurs l'histoire de nos principales plantes cultivées, notamment celle de la pomme de terre, du trèfle, de la betterave et de bien d'autres encore. Les causes de cet état de choses ne sont pas toujours inhérentes au végétal nouveau qu'il s'agit de populariser. Des habitudes invétérées, les préjugés, la défiance instinctive du cultivateur vis-à-vis de tout ce qui est nouveau, inusité, sont pour beaucoup, souvent même pour tout, dans l'arrêt qui frappe la plante qu'il s'agit de propager. Il suffit aussi du résultat négatif, défavorable, de quelques essais tentés dans des conditions anormales, exceptionnelles, et sans qu'il ait été tenu compte des besoins du végétal expérimenté, pour faire abandonner une culture, ou du moins pour la discréditer momentanément. Il ne faut pas moins alors que le dévouement intelligent d'un Parmentier, d'un Schubart de Kleefeld, pour réhabiliter la malheureuse étrangère et lui conquérir par la force et la persistance la place que son mérite lui réservait. Quelquefois on revient sur un premier arrêt de bannissement; l'évidence de nouveaux résultats avantageux rappelle l'attention sur le végétal condamné. Mais ces cas sont exceptionnels, et peu de plantes ont pu, par leur mérite seul, conquérir la faveur dont elles sont devenues l'objet. Au premier rang, parmi ces exceptions figure assurément le *lupin*, dont nous avons déjà décrit la culture et l'emploi dans la *Feuille du cultivateur*, de Bruxelles (1).

Depuis cette époque, des relations défavorables à cette papilionacée ont été publiées dans quelques

(1) 1re série (4e année), n° 5, et 2e série (5e année), n° 14.

recueils agricoles. On a même mis en doute la possibilité de la faire servir à l'alimentation du bétail. Comme nous avons la conviction que les échecs signalés résultent de ce qu'il n'a pas toujours été tenu compte, dans les essais culturaux rapportés, des exigences spéciales du lupin, nous avons cru devoir revenir sur ce que nous avons déjà dit à son égard, et faire connaître l'ensemble des résultats obtenus sur une grande échelle dans notre pays, ainsi qu'en Allemagne et en France. Nous consulterons aussi les anciens, pour qui le lupin présentait une importance et des ressources inconnues aujourd'hui.

Ce sont donc les données de l'expérience que nous consignerons dans ce travail, et que nous recommandons à l'attention du public agricole.

INTRODUCTION.

§ 1. — Histoire.

La culture du lupin remonte à la plus haute antiquité. Théophraste, qui écrivait 371 ans avant notre ère, la mentionne dans son histoire des plantes (VIII, 118). Les écrivains agricoles de l'ancienne Rome la décrivent et indiquent l'emploi de la plante. C'est ainsi que la graine de lupin est signalée comme le plus utile des fruits qui servent à l'alimentation de l'homme (Pl. XVIII, 36), comme la nourriture la plus confortable du travailleur agricole, à qui elle donne des joues vermeilles (Pl. XVIII, 10. Calpurn. III, 83). De plus, elle prévient les disettes (Col. II, 10) et la famine; elle produit une farine légère, très-digeste, que l'on mélange avec l'orge et l'épeautre pour en faire du pain (Apule., *De Herb.* 212). L'amertume particulière que lui reproche Virgile (I, 75) se perd par le grillage sous la cendre chaude, ou par la macération dans de l'eau tiède ou de l'eau de mer (*Géop.* 11, 30, Pl. XVIII, 36, XXII, 74. Galen. I, 23).

Dans ce dernier cas, le lupin devient aussi irritant que du sel en pain (Arist. *Eq.* 103) et remplace ce dernier comme excitant à la boisson. C'est pour ce motif qu'on l'offre au dessert.

Mais les usages les plus importants du lupin se rapportaient à la médecine humaine.

D'après Pline (qui dans l'occurrence paraît avoir analysé la matière médicale de Pedanius Dioscorides), des décoctions jusqu'à consistance de miel guérissent les dartres noires et la lèpre. Cuit dans de l'eau de pluie, il donne un résidu savonneux avec lequel on fait des compresses très-salutaires pour la guérison des brûlures, des éruptions et des ulcères humides. Le thé de lupin est bon pour la rate; on le place cru, frotté avec des figues sèches et du vinaigre, sur cette dernière, et l'on se sert de son principe amer contre la morsure de l'aspic. Décortiqué et pilé, on enferme le lupin dans de petits sachets de toile sur des abcès devenus noirs. Cuit dans du vinaigre, il sert à résoudre les goitres et triomphe des maladies de l'oreille. Ajoutée à de la rue et assaisonnée de poivre, sa décoction guérit de la fièvre ; elle est vermifuge pour les personnes âgées de moins de trente ans. Appliquée sur le ventre des enfants, elle est très-salutaire, et tue les vers (XVIII, 36). La racine cuite dans du vinaigre est diurétique (XXII, 74); la fleur, trempée dans du suc de ciguë, sert à détruire des arbres des forêts (XVIII, 8, 3).

Le lupin n'était guère moins employé en médecine vétérinaire. Suivant Pline, sa décoction avec la plante caméléon est un breuvage salutaire pour les animaux; — avec de l'huile, c'est un remède contre la gale. La fumée provenant de lupin brûlé chasse les mouches (Pl. XXII, 74). La farine de sa graine est en outre un cosmétique à l'usage des femmes (Mart. III. 42); la graine elle-même sert de monnaie de billon (Flor. *Ep*. 7, 24).

Le lupin a une valeur toute spéciale pour le naturaliste et le paysan qui prétendent découvrir une certaine sympathie entre lui et la terre. Le lupin est hélioscope, c'est-à-dire qu'il suit le cours du soleil et sert de cadran horaire au cultivateur; sa corolle trifide l'aide à faire le compte de ses travaux (Pl. XVIII, 36, 67; *Géop*. II, 30).

Le lupin ne peut être remplacé dans l'alimentation des animaux. Soit moulu, soit concassé, soit cuit (Col. II, 10), soit macéré, il fournit une nourriture fortifiante aux moutons, aux bêtes à cornes (VI, 3), aux vaches laitières (24, 6), aux veaux faibles ou malades, ainsi qu'une médecine aux moutons galeux (Juven. V. 24). Dès que les travaux champêtres commencent, on doit en ajouter à la ration des bêtes de trait (Col. VI, 3). Caton (60) fixe la quantité annuelle à donner à une couple de bœufs de travail à 120 modii, et recommande (55) d'y joindre les déchets ainsi que les balles d'orge et de froment. Un bœuf est complétement rassasié en recevant une de ces mesures par jour.

Dans les contrées où le pâturage pour les moutons manque, on peut faire fourrager le lupin sur pied (Pl. XVIII, 36). Les bœufs peuvent également s'en nourrir au pâturage avant la défloraison; ils mangent alors les feuilles, mais négligent les graines à cause de leur amertume (*Géop.* II, 30).

Mais le motif pour lequel les anciens faisaient le plus de cas du lupin consistait dans l'importance qu'ils lui reconnaissaient comme fumure. D'après eux, le lupin est la plus importante des plantes fertilisantes. Il existe une sympathie réciproque entre lui et le sol : il ne demande rien à la terre, et lui accorde plus que le meilleur fumier ne peut lui donner, sans lui rien réclamer (Col. II, 16, XI, 2); en outre, il exerce son influence bienfaisante pour ainsi dire gratuitement sur le sable le plus aride aussi bien que dans les champs de craie rouge, les vignes et les jardins épuisés (II, 10). Le cultivateur enfouit le lupin à la charrue; le vigneron et le jardinier le coupent et l'enterrent en bottes au pied des vignes (Pl. XVII, 6), qui rapportent ainsi des fruits plus savoureux (Pall. IX, 2), et guérissent de maladies, lorsqu'on ne le plante qu'à proximité des racines (Pl. XVII, 47).

Un végétal qui servait à tant d'usages différents, que l'on employait avec une prédilection aussi marquée, devait évidemment être cultivé partout. Dans ce cas, il ne pouvait, à première vue, être négligé sans laisser de traces des motifs qui paraissent avoir nécessité son abandon. Cependant, tel semble avoir été le cas pour le lupin, puisqu'il n'en a été longtemps parlé qu'exceptionnellement. C'est ainsi que, durant des siècles, sa culture est restée restreinte à quelques contrées, et que les auteurs n'en font que rarement mention.

L'Agriculture et Maison rustique de Charles Estienne (1565) parle toutefois encore avec beaucoup d'estime des lupins. L'auteur y résume ce que les auteurs grecs et latins en ont dit, et constate que leur emploi en agriculture et en médecine était très-fréquent. Il nous dit que « leur farine est fort singulière en cataplasme, tant cuite en oxymel qu'oxycrate pour les gouttes sciatiques. » D'après Heeren, le lupin ne se cultivait en Allemagne, au XVIe siècle, que dans les jardins. En France, on ne le rencontrait qu'entre Valence, Lyon et Grenoble, où il s'est maintenu jusqu'aujourd'hui. Il en est de même en Corse, en Espagne, en Italie et à Naples. Partout ailleurs, et malgré son mérite comme engrais vert, signalé par Frédéric le Grand dans un ordre du cabinet du 7 juin 1784, le lupin ne se voyait que comme plante de jardin, cultivée pour ses fleurs, et depuis le système continental, comme succédané du café.

C'est destiné à cet usage que nous rencontrons encore quelquefois le lupin bleu dans les jardins (au lieu et place d'une autre substance également amère, la racine de chicorée), que l'on cultive dans les environs de Bordeaux, et que dès 1830, le Bon Voght, de Flottbeck, fit servir à l'alimentation du bétail. Ch. de Wulfen, de Pietzpühl (qui l'avait remarqué, en 1810, dans un voyage agricole dans les environs de Grenoble), et Thaër, de Moeglin, firent venir, vers 1817, de la France méridionale, de la graine de lupin blanc pour l'employer, suivant la recommandation des anciens, en fumure verte. Comme cette variété n'était pas assez rustique, on chercha plus tard à la remplacer par une autre moins sensible aux effets des frimas.

On s'arrêta alors au lupin jaune. Vers 1840, un simple paysan, M. Borchardt, de Gross-Ballerstädt, (Vieille-Marche prussienne), popularisa cette variété, surtout chez les petits cultivateurs des pays sablonneux, qui forment pour le moins la moitié de la superficie du nord de l'Allemagne. Depuis lors, et surtout depuis 1850, cette plante s'est propagée avec une rapidité extraordinaire, et a passé des dunes de la Prusse à tous les terrains sablonneux de l'Europe. C'est aussi de cette époque que date l'introduction de la culture du lupin jaune en Belgique, au château de Provédroux, près de Vielsalm, par M. Langerman, lieutenant général en retraite. En 1855, nous l'avons rapporté de Hohenheim, et le cercle agricole et horticole du Grand-Duché l'a distribué à un grand nombre de cultivateurs. Une année plus tard, M. le comte de Gourcy appela l'attention sur cette papilionacée, et plusieurs agriculteurs belges, entre autres MM. de Posson, Jaequemyns, de Lobel, Charles, (de Sterpigny), tentèrent sa culture. Enfin, il n'y a si petit journal agricole qui n'ait parlé et qui n'ait cherché à décrire la culture, les usages et les avantages du lupin dans des circonstances données; de sorte que l'impulsion n'a pas non plus fait défaut de ce côté.

§ 2. — Description.

Le lupin (*Lupinus*, Tournefort) fait partie de la grande famille des papilionacées, à laquelle appartiennent aussi le trèfle, les pois, les haricots et beaucoup d'autres plantes alimentaires, fourragères et améliorantes. Son nom provient de sa prétendue insociabilité et des ravages qu'il occasionne sur les végétaux qui vivent dans son voisinage. C'est ainsi que le froment ou le seigle qui fleurit en même temps que le lupin, doit avorter. Ainsi que le fait le chanvre, cette plante protége les crucifères contre les ravages des insectes, et l'on prétend avoir observé que les vers à soie périssent s'ils se sont nourris de feuilles de mûriers placés trop près d'une emblave de lupin.

Ses caractères botaniques généraux sont : calice profondément bilobé ; lèvre supérieure à deux dents, l'inférieure à trois ; étendard large, réfléchi ; ailes réunies par le sommet ; carène acuminée à onglets distincts ; étamines monadelphes ; tubes entiers portant dix anthères, dont 5 arrondies et 5 oblongues ; ovaire bi-multioculé ; style filiforme terminé par un stigmate arrondi, barbu ; gousse coriace, oblongue ou linéaire, comprimée en cylindre.

Nous sommes donc en présence d'une *légumineuse monadelphe*, section à laquelle appartiennent principalement les plantes dites améliorantes; tandis que les autres papilionacées font partie des diadelphes.

Le genre lupin se partage en deux grandes divisions: plantes vivaces et plantes annuelles. Il compte un grand nombre de variétés et de sous-variétés. Agardh, dans son *Synopsis generis lupini* (Lundæ, 1835), n'en compte pas moins de 83, dont 70 appartiennent à la flore américaine. La plupart des autres, parmi lesquelles se trouvent celles qui sont passées dans la grande culture, nous viennent des bords de la Méditerranée ou de l'Europe méridionale. Toutes ces variétés sont généralement de très-jolies plantes d'ornement, au port gracieux, à feuilles presque toujours digitées et à fleurs dont le bel épi terminal se colore, selon les variétés, de toutes les nuances du blanc, du jaune et du bleu. Plusieurs d'entre elles sont de serre tempérée ou châssis froid, et par suite du ressort de l'horticulture aisée. Toutes ces qualités leur assurent une place distinguée dans les jardins, où nous les laisserons, pour ne nous occuper spécialement que des variétés admises dans la grande culture, et qui sont au nombre de sept, savoir :

1° Le *lupin jaune* (lupinus luteus, L.) ou à fleurs jaunes, cultivé dans le nord de l'Allemagne depuis 1840, et originaire d'Espagne, de Sicile et du midi

2.

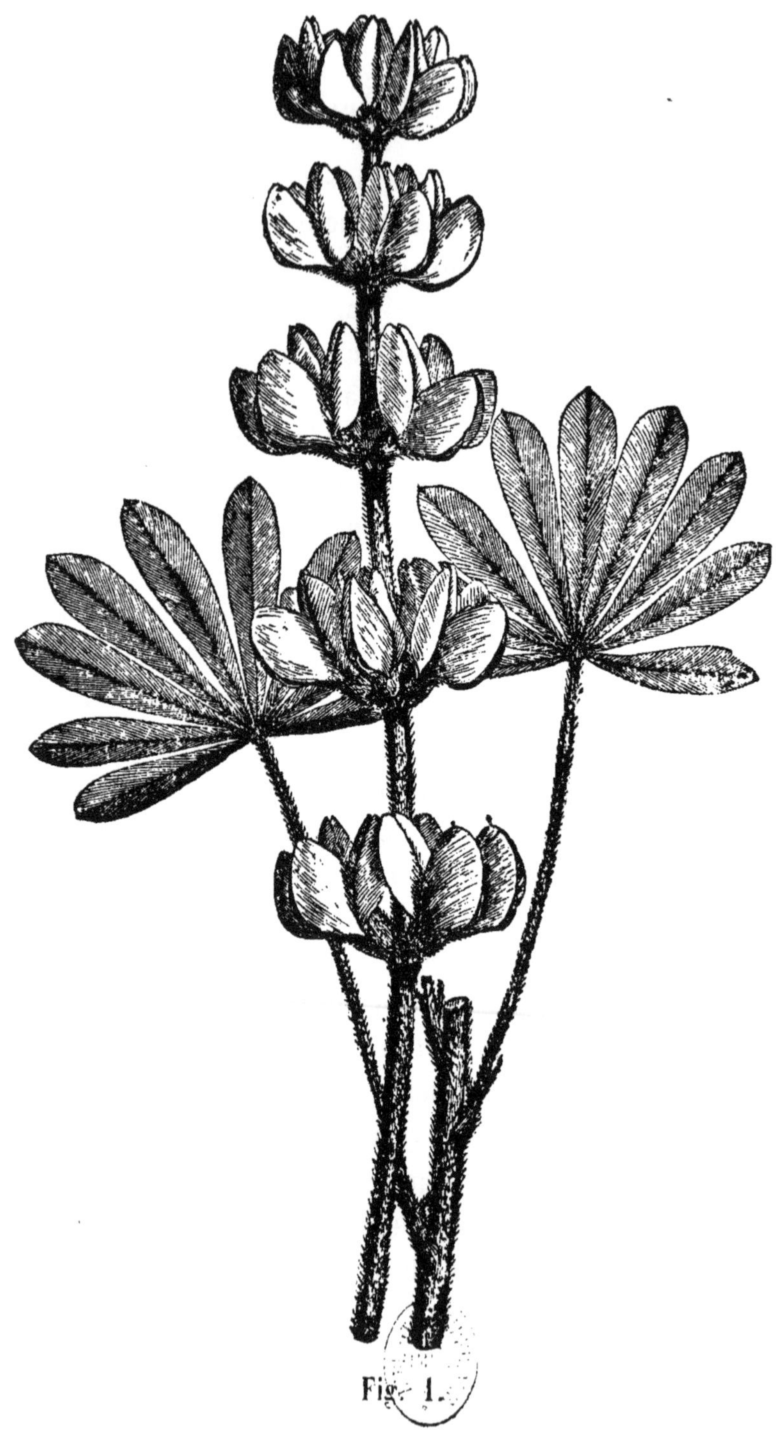

Fig. 1.

de la France (fig. 1). Sa graine est elliptique, comprimée, lisse, grisâtre, marbrée de noir rosé. 100 graines pèsent 12 grammes, et le kilogramme contient environ 8,000 graines.

2° Le *lupin bleu* (Lup. angustifolius, L.), décrit pour la première fois en 1686, venant de l'Europe méridionale et cultivé depuis longtemps sous le nom de *café sauvage*. Sa graine est ovale, lisse, aplatie, blanche. Les 100 graines pèsent 18 grammes. Le kilogramme en contient 5,400.

3° Le *lupin blanc* (L. albus, L.) ou *pois-loup* (fig. 2), introduit d'Orient dans les cultures du midi de la France et de l'Europe en 1596. Sa graine est blanche, lisse, large, comprimée. Les 100 graines pèsent 24 grammes. Le kilogramme en renferme 4,000.

4° Le *lupin d'Égypte* (L. Termis, Forsk), à fleurs d'un blanc sale, introduit en 1802. Il est très-répandu en Italie et a été essayé, dès 1856, dans les cultures du nord de la Prusse. Sa graine est carrée, obtuse, grosse, d'un gris sale.

5° Le *lupin à fleurs changeantes* (L. mutabilis, Sweet; L. cruckshanksii, Hook), à fleurs blanches passant au violet plus ou moins foncé, et qui a été rapporté du Pérou en 1809.

6° Le *lupin hérissé* (Lup. hirsutus, L.), à fleurs panachées de bleu et de violet, quelquefois rougeâtres. De là son nom de *lupin rouge*, décrit dès 1629,

Fig. 2.

et cultivé dans l'Europe méridionale. Sa graine est jaunâtre, tachetée et pointillée de rouge-brunâtre. 100 graines pèsent 62 grammes. Le kilogramme en contient 1,600.

7° Le *lupin linéaire* (Lup. linifolius, Benth), à fleurs bleues, cultivé depuis 1790 dans certaines contrées de la Suisse comme succédané du café, et préférable, sous ce rapport, au n° 2. Sa graine est presque globuleuse, de couleur jaune. Les 100 graines pèsent 22 grammes. Le kilogramme en contient de 4,800 à 5,000.

Toutes ces variétés de lupin sont annuelles et se distinguent, comme celles cultivées, par une racine franchement pivotante, plongeante, vigoureuse, munie, aussi bien que les racines latérales, de nombreux suçoirs d'autant plus proéminents que la plante est plus saine et plus vigoureuse. Les cotylédons, comme ceux du haricot, sont épigés, c'est-à-dire s'élèvent hors du sol.

Ces variétés ne sont pas recommandables au même degré. Chacune présente, à côté de ses avantages, des inconvénients, ou a des exigences spéciales qui la rendent propre à tel usage plutôt qu'à tel autre. Toutes sont cependant unanimes sous le rapport du terrain : elles caractérisent les sols sablonneux et siliceux; ce qui n'empêche pas quelques variétés de prospérer dans d'autres terres.

Nous allons les examiner sous ces différents rapports.

Le *lupin jaune* n'atteint pas la hauteur de celui à fleurs blanches, mais il prend plus d'ampleur, il est plus herbacé; son feuillage est plus étoffé, plus fourni que celui des autres variétés. Dans le jeune âge, son développement est très-lent : il ressaisit plus tard le temps perdu, et détruit alors par son ombrage les mauvaises herbes trop à l'aise sous ses congénères. La grande difficulté que présente sa culture, consiste dans les soins minutieux que réclame la récolte de la semence. Cette difficulté qui a été aux yeux de plus d'un cultivateur une cause d'abandon, n'est cependant pas tellement insurmontable qu'elle ne puisse être atténuée; et dans tous les cas, elle est compensée par des avantages sérieux. Aucune variété de lupin ne se prête mieux, soit par ses graines, soit par ses fanes vertes ou desséchées, soit comme fourrage d'embouche, à l'alimentation des animaux. Son feuillage, très-développé, est aussi riche en combinaisons azotées. Elle ne vient, au surplus, que dans les sols sablonneux; leur aridité n'y fait rien du moment qu'ils sont meubles à une grande profondeur.

Le *lupin blanc* a des tiges de 1 mètre à 1 m. 50 de hauteur. La récolte de la graine ne présente pas de difficultés, parce que les cosses sont coriaces et ne s'ouvrent pas aussi facilement que celles de la variété jaune. Mais aucune de ses parties ne peut servir à l'alimentation du bétail, qui devient même très-dangereusement malade lorsqu'il en mange. Enfin sa graine ne mûrit pas toujours sous le climat de la Belgique; mais elle supporte mieux le calcaire dans le sol que les autres variétés de lupin.

Quant au *lupin bleu,* dont la nécessité avait fait l'arbre à café, et que nous connaissons par suite depuis un temps plus long que les autres variétés, il ne présente aucun des inconvénients ci-dessus; mais il a celui de donner peu d'ombre et d'exiger un semi très-dru. Enfonçant moins profondément ses racines dans le sol que les autres variétés, il peut être cultivé dans des circonstances exceptionnelles de terrain où ses congénères ne prospèrent plus, comme, par exemple, dans les terres peu profondes, marneuses. Sa végétation est plus vigoureuse dans la jeunesse que celle du lupin jaune, et ses cosses s'ouvrant moins, la récolte de la graine est plus abondante et moins difficile.

Le *lupin d'Égypte* est la variété des terres argileuses et argilo-sablonneuses. Sa culture, aussi bien que celle du *lupin à fleurs changeantes* et du *lupin hérissé,* est pour ainsi dire encore à l'état d'essai, attendu qu'il a été jusqu'ici assez difficile de se procurer de la semence, laquelle, d'ailleurs, ne mûrit pas tous les ans dans nos parages. La graine de ces trois derniers lupins sert, en Sicile, à Naples, en Corse, à l'alimentation des classes peu aisées, qui la font alterner avec le macaroni, cet autre mets national. Comme aux temps anciens, la graine de lupin est, dans ce cas, macérée dans l'eau de mer, l'eau salée, afin de lui ôter cette amertume « qui amène la tristesse sur le visage. » (Isidor. XVII. 4.) C'est, au surplus, du lupin d'Égypte que MM. Payen et Richard disent dans leur dictionnaire : « A Naples, on » voit sur toutes les places les cochers de voitures » publiques, une botte de lupins verts sous le bras, » les faire manger à leurs chevaux, qui paraissent » en être très-friands. » Jusqu'ici, les chevaux ont en général rejeté les fanes des autres variétés cultivées; de sorte que cette particularité ne pouvait être passée sous silence.

§ 3. — Composition du lupin. — Ses usages.

Le lupin, ainsi que toutes les papilionacées ou légumineuses, est très-riche en combinaisons azotées, en légumine. D'après les analyses du professeur Voelcker, les fanes du lupin jaune contiennent :

	A l'état vert.	Sèches à 100° C.
Eau	89.20	—
Huile	».37	3.42
Albumine soluble	1.37	12.68
Contenant azote. ».22 2.03		
Substances minérales solubles	» 61	5 64
Albumine insoluble	1.01	9.35
Contenant azote. ».16 1.48		
Sucre, gomme, substance extractive, amère, cellulose digestive	3.36	36.68
Cellulose non digestive	3.29	30 48
Substances minérales insolubles	».19	1.75
	100.00	100 00

Les gousses analysées par Eichhorn présentent en 100 parties :

	LUPIN bleu.	LUPIN jaune.
Eau	14.81	13.88
Cendres	2.85	2.77
Cellulose	31.42	34.96
Graisse	1.61	0 91
Substances azotées	2.70	2.38
Autres	46.61	45.10
	100.00	100.00

D'après M. le Dr A. Stoeckhardt, la graine de lupin renferme en 100 parties :

Graine séchée à l'air.	LUPIN jaune.	LUPIN bleu.	LUPIN blanc.	LUPIN hérissé.
Eau	12.2	13.2	11.3	11.75
Substances azotées	28.3	22.0	24.0	33.01
Azote	4.5	3.5	3.85	5.24

Huile, graisse.	5.0	5.6	48.6	8.65
Autre substance soluble non azotée.	36.4	43.8		30.27
Cellulose insoluble.	14.1	12.2	13.0	13.62
Substances minérales (cendres). .	4.0	3.2	3.1	2.70
	100.0	100.0	100.0	100.0

Les substances solubles non azotées du lupin jaune contiennent entre autres 2.73 de sucre et 19.97 de combinaisons pectiques. Les substances minérales sont formées de :

Alcalis	26.84
Chaux	7.15
Talc.	15.25
Acide phosphorique.	38.20
Id. sulfurique.	5.71
Chlore	0.75
Silice.	4.80
Fer	1.33

Le principe amer contenu dans la graine de lupin est, d'après M. Eichhorn, un alcaloïde. De plus, d'après les résultats obtenus par tous les chimistes, cette graine ne contient pas de fécule. Les parties hydrocarbonées qu'elle renferme ne pouvant, dans l'état actuel de la science, se transformer en sucre qu'avec l'aide d'acides minéraux, il y a, il est vrai, possibilité d'en extraire de l'alcool, ou de l'employer à la fabrication de la bière ordinaire; mais les résidus en sont perdus pour la ferme. L'eau dans laquelle on l'a fait tremper pour extraire le principe amer, et qui enlève à la graine de lupin, outre ce principe, une partie des substances protéïques qu'elle renferme, peut, toutefois, être employée comme levûre dans la fabrication des bières amères fermentant lentement; mais la fabrication de ces levûres est encore un secret. Ce même ferment, employé dans la distillation des pommes de terre, doit régler et tempérer d'une manière heureuse la fermentation alcoolique et empêcher la formation des acides. La graine macérée et grillée donne une boisson remplaçant pour beaucoup de personnes le café, mais occasionnant, paraît-il, des maux de tête. Pour les variétés autres que le lupin linéaire, cette graine non macérée donne en outre un remède efficace dans la fièvre intermittente.

L'emploi du lupin aux précédents usages n'est qu'accessoire. Son principal mérite réside dans la facilité qu'il donne de mettre en culture les sables les plus arides et les terres légères les plus affamées. Ses fanes enterrées en vert donnent une fumure excellente, et ses graines moulues font une concurrence sérieuse à plus d'un engrais concentré.

Toutes les parties de la plante servent également à l'alimentation des animaux et fournissent, suivant le cas et la variété, un bon fourrage, soit vert, soit sec. Une dame silésienne, s'adonnant aux travaux agricoles, a chanté tous les avantages que présente la culture du lupin, et que nous résumons en quelques strophes traduites le moins infidèlement possible.

« Autrefois on voyait dans le lointain l'horizon limité par des hauteurs stériles; le vent d'ouest balayait alors aussi le sable mouvant vers les vallées. Des pins rabougris, maigres, occupaient quelques places isolées du paysage, et la canche étalait son pâle chaume là où la terre n'était pas nue. »

« Le champ oublié formait une jachère éternelle; ses limites étaient inconnues du propriétaire lui-même. Des herbes aigres et dures formaient le produit des rares prairies, dont le rendement minime était distibué avec parcimonie à un pauvre et chétif bétail. »

« Le lupin vint; ses ailes irrisées couvrirent les guérets de leur dôme doré. Il vînt: toutes les plaines dénudées disparurent en un clin d'œil, et plus d'un champ abandonné brilla du plus beau jaune doré. »

« On le voyait avec plaisir, parce qu'il n'était pas difficile dans son choix et qu'il ne dédaignait pas même la dune mouvante. Aussi ne parla-t-on plus pendant longtemps que des essais tentés avec le lupin, des résultats obtenus, et des différentes occasions où l'on avait constaté son mérite. »

« Le lupin vient : le berger et son troupeau se

réjouissent et se réconfortent déjà à l'odeur embaumante et vivifiante qu'il répand. Sa semence réhabilite le sol déshérité auquel elle donne de la valeur, même après sa mort. »

« Le lupin reste : on apprend à estimer davantage son mérite; par lui la terre et la ferme se relèvent. — On l'appellera encore *or du désert,* lui qui opéra de tels miracles dans les sables. »

Ces lignes — qui rappellent les services rendus par la culture du lupin à une vaste contrée jusque-là stérile ou à peu près — donneront la mesure de ce que l'on peut en attendre sous le rapport de l'avenir agricole des terrains sablonneux. Il a, il est vrai, perdu l'importance que les anciens lui attribuaient en médecine, et sa farine seule sert encore parfois à faire des cataplasmes résolutifs; il ne sert plus non plus qu'exceptionnellement à la nourriture de l'homme, mais il aide à lui créer une alimentation mieux appropriée à ses besoins et plus abondante. On n'a certes pas perdu au change, et le lupin peut, par suite de sa valeur réelle, se passer des propriétés factices qu'on lui attribuait.

L'économiste s'en réjouira comme d'une bonne fortune pour l'augmentation de la production nationale; l'agriculteur verra dans ses fleurs odorantes un aliment abondant et un butin facile pour les abeilles, ces hôtes bannis peu à peu des bruyères et des terrains vagues. En outre, l'homme de guerre se souviendra que, d'après Agardh, les fanes du lupin d'Égypte servent dans ce pays à cuire un charbon propre à la fabrication de la poudre à tirer. Là où le combustible n'est pas abondant, les fanes de toutes les variétés pourraient être employées pour le chauffage des habitations et la cuisson des aliments.

Enfin, on a essayé, dans ces derniers temps, de fabriquer du papier et des cordages avec la matière filandreuse que renferment les fanes; et comme si cela ne suffisait pas encore, on signale des fermes où les feuilles sont fumées en guise de tabac.

En somme, le lupin est une plante éminemment utile et recommandable; mais il ne faut pas perdre de vue que les avantages qu'il procure à l'agriculture dépendent de conditions de terrain, de culture et d'individualité que l'on ne néglige jamais en vain. C'est ce qu'on a trop souvent oublié, et c'est pour ce motif que nous croyons devoir nous appesantir tout particulièrement sur cette circonstance.

CHAPITRE PREMIER.

CULTURE DU LUPIN.

§ 1. — Climat. — Exposition.

De tous les phénomènes atmosphériques qui constituent le climat et exercent une influence marquée sur la végétation, aucun n'est plus manifeste que la chaleur. Ne voyons-nous pas, en effet, la végétation extérieure, arrêtée en hiver, se réveiller aux premières chaleurs du printemps, s'endormir de nouveau à l'apparition de la moindre gelée blanche et reprendre son activité pendant l'été pour la perdre à l'automne. Cette succession de périodes nous explique l'époque de la germination, de l'épanouissement des feuilles, de la floraison, de la fructification, de la maturité des plantes, et nous fait comprendre comment certains végétaux ne peuvent parcourir toutes les phases de leur existence sous nos climats, et notamment y produire des graines propres à la reproduction de l'espèce. Or, comme la récolte des graines est indispensable dans la culture en grand, on peut admettre la possibilité de la culture, ou, comme le disait déjà André Thouin, de l'acclimatation au dernier degré d'une plante, selon la possibilité d'en récolter de la graine mûre.

Les lupins, quoique importés des contrées méridionales, remplissent en général cette condition, jusque sous les climats où il est encore possible de cultiver des céréales d'été, et où ils trouvent la somme générale de chaleur nécessaire à leur existence. Les lupins ne craignent le froid que dans leur jeunesse, surtout lorsque la graine commence à gonfler sous terre. On en a vus auxquels un froid de 10° c. ne faisait rien à un âge plus avancé. Il importe donc de ne faire le semis que lorsque les gelées blanches ne sont plus à craindre. L'expérience a démontré cependant que le lupin supporte plutôt ces dernières que les gelées de l'automne.

Le lupin jaune est la variété la plus rustique; sa végétation n'est arrêtée que par les froids de l'hiver. La plante a besoin de 90 à 120 jours pour produire des gousses complétement mûres.

Le lupin bleu n'est pas moins rustique, mais il se

distingue du jaune en ce que sa végétation s'arrête complétement à l'automne et qu'il mûrit 8 à 10 jours plus tôt.

Le lupin blanc réclame de 100 à 137 jours pour mûrir ses graines ; de sorte qu'il ne lui est pas toujours donné de remplir complétement le dernier et principal but de la nature, c'est-à-dire d'assurer la reproduction normale de l'espèce. Il craint cependant moins le froid dans sa jeunesse que les autres.

Il en est de même du lupin d'Egypte ; toutefois, comme il est moins sujet également à souffrir du froid que les autres variétés, on peut le semer plus tôt et gagner ainsi le délai nécessaire à la maturition de la graine. Si ce lupin redoute quelque chose, c'est la sécheresse.

La variété qui réclame le plus de temps pour se développer est sans contredit le lupin à fleurs changeantes. Il ne nous a pas encore été possible d'en obtenir des graines bien conformées.

Quant au lupin hérissé, il ne demande pas plus de temps pour mûrir que la variété jaune. Mais le contenu des gousses étant très-charnu, il est fort difficile de les sécher à point.

Il résulte de ce que nous venons de dire que les lupins jaune et bleu doivent réussir dans nos contrées. Le fait que sous le climat des Ardennes (que nous avons l'habitude de considérer comme présentant les températures extrêmes de notre région) ils ont produit des graines parfaitement conformées, le prouve à l'évidence.

Le lupin aime une situation ouverte, en plein soleil ; c'est le motif pour lequel il réussit mieux sur les côtes et dans les plaines méridionales qu'à l'exposition du nord. On recherchera donc pour sa culture les expositions chaudes, sans être trop sèches, ainsi que les pentes se ravinant facilement par les pluies, attendu qu'il aide à la fixation du sol par ses longues racines.

Enfin, il craint les terres sujettes à des inondations périodiques. Le lupin blanc fait seul exception sous ce rapport; de sorte que dans des situations où les inondations sont à craindre, il est rationnel de lui donner la préférence.

§ 2. — **Sol.**

Les lupins sont des plantes des sols sablonneux, légers. Ils affectionnent les mauvaises terres (Col. II. 10, Théophr. VII, II), les sables secs, graveleux (Pl. XVIII, 36; Cat. 37, 54), lorsqu'ils ne sont pas humides (Pl. XVIII, 36). Enfin, ils ne viennent bien que là où rien ne peut venir. (V. Borie, *Les douze mois*, p. 131.)

Prétendre toutefois qu'ils ne croissent pas dans les terres fortes (Col. II, 10), qu'ils craignent les argiles et la craie (Pl. XVIII, 36), comme on l'entend répéter très-souvent, ce n'est, à la rigueur, pas exact. Ce que l'on devrait dire, c'est que leur rendement n'y est pas aussi certain que dans les terres chaudes et légères.

Les lupins réclament donc très-peu de la couche arable; mais ils sont d'autant plus exigeants sous le rapport du sous-sol, de ses qualités physiques et chimiques. Les causes d'insuccès se trouvent toutes là; car, quelle que soit l'indifférence de cette papilionacée relativement à la qualité du terrain et à son état de fumure, au peu de soins que réclame sa culture, elle est très-difficile sous le rapport de l'ameublissement du sol et du sous-sol. Plus les lupins seront ameublis, plus la réussite sera assurée.

Cette exigence explique pourquoi cette plante réussit mal, ou réussit moins bien, sur une lande nouvellement rompue que sur un champ en vieille culture. Quand même ce dernier aurait dû être abandonné pour sa stérilité, dès que la charrue le réduit en poussière au lieu de le retourner par bandes adhérentes, il donnera toujours un meilleur résultat que le premier. On parvient à paralyser les inconvénients ci-dessus en travaillant la friche comme jachère et en lui faisant d'abord produire, comme culture préparatoire, une récolte de sarrasin ou d'un végétal quelconque.

Un autre facteur caractérisant un grand nombre de landes récemment mises en culture, est la nature de l'humus qui les recouvre. Lorsque, comme dans les Ardennes, on a affaire à une terre où croît la bruyère, le lupin reste rabougri ; ses extrémités roussissent dès que le sous-sol est sablonneux, sec. La couche de terre se trouvant au-dessous de la bruyère est-elle au contraire un sable humide ou une terre sablo-argileuse (ce que l'on reconnaît à la présence simultanée des genêts ou des ajoncs), le produit de la récolte sera meilleur, toujours dans la supposition que la masse de bruyère enterrée ne sera pas trop considérable.

Au surplus, dans les contrées où l'écobuage et l'essartage sont dans les habitudes, l'incinération des bruyères qui les recouvre, modifie d'une manière remarquable l'acidité astringente de l'humus contenu dans la couche supérieure du sol ; de sorte que, dans ce cas, le rendement ne présente rien ou très-peu de chose d'anormal.

A côté de l'humus astringent des bruyères se place l'humus acide des sables secs, lequel n'est, le plus souvent, recouvert que de mousses. Dans ce cas, comme dans celui où les bruyères n'ont pas été détruites d'une manière quelconque, la graine de lupin développe de vigoureux cotylédons; mais dès l'apparition des premières feuilles, ceux-ci s'atrophient : la jeune plante devient rouge et meurt.

Quant à l'humus aigre-humide, tel qu'il se rencontre dans les tourbières et les fonds marécageux, le lupin ne le supporte pas, même lorsqu'il ne souffrirait que peu ou point de l'humidité du sol.

En un mot, le lupin donne le rendement le plus élevé dans les terres légères, où le seigle prospère. Il peut encore s'accommoder des sables dans lesquels les pommes de terre ne peuvent plus donner de produits rémunérateurs et qui ne s'encroûtent pas; mais il n'en est plus de même dans les sables légers, épuisés à un tel point que la mousse blanche, caractéristique des terres affamées, s'y rencontre.

M. Kette compare cette mousse aux macules qui résultent des déjections alvines qu'un gros oiseau de proie laisserait tomber du haut de son aire.

Ainsi que nous l'avons déjà fait remarquer, la nature du sous-sol est d'une importance majeure dans la culture du lupin. S'il est composé d'une couche rétentive argileuse, continue, d'alios (Ortstein), de pierres, etc., à une profondeur de 15 à 30 cent., enfin, s'il n'est pas suffisamment meuble, cette papilionacée ne réussit qu'exceptionnellement.

Elle périclite également lorsqu'elle est en contact avec l'humidité stagnante, telle qu'on la rencontre dans les sous-sols imperméables, caractérisés par l'apparition des joncacées. L'expérience a, sous ce rapport, constaté que la présence du jonc des crapauds y était pour ainsi dire un signe certain de la non-réussite du lupin.

Le fer, dans ses divers états d'oxydation et de combinaison, tel qu'on le rencontre dans les alios de la Campine, par exemple, ne semble pas nuire à la croissance du lupin. Nous l'avons vu cultiver dans des sables très-riches en minerai d'alluvion, sans avoir pu constater une différence quelconque avec des champs se trouvant dans les mêmes conditions, où l'on ne rencontrait que des traces de ce métal.

La présence du carbonate de chaux dans le sol exerce très-souvent une influence pernicieuse sur le rendement du lupin : c'est lorsqu'on a affaire à des terres fortes. Dans les terres sablonneuses, la chaux est d'ordinaire d'un effet nul, c'est-à-dire qu'elle ne fait ni bien ni mal ; mais dans aucun cas on n'a encore constaté l'effet utile de cette substance, aussi bien que celui de la marne et des terres riches en carbonates alcalins.

Ces résultats différents paraissent résider dans les combinaisons diverses que le calcaire forme dans le sol, et surtout dans le sous-sol. Ajoutons que chaque fois que la chaux ou la marne se trouvait à une profondeur assez grande pour que les racines du lupin ne les atteignissent pas, il n'en résultait aucun inconvénient. Au surplus, le lupin blanc paraît être moins exigeant sous ce rapport que les variétés jaune et bleue.

Quant au plâtre ou sulfate de chaux, sa présence dans le sol n'a pas fait de tort jusqu'ici à la végétation du lupin.

Ce que nous venons de dire s'applique au lupin en général, et les exceptions pour chaque variété en particulier sont rares. C'est ainsi que le lupin jaune souffre dans le sable mouvant, lorsque le vent chasse de ce sable entre les cotylédons.

Suivant le but qu'on se propose d'atteindre par la culture du lupin, on le sème :

1° Comme fumure verte préparatoire à la sole de seigle dans les sables légers et chauds ;

2° Comme fourrage sur les terres légères, humides et argileuses, suivi de seigle après une demi-fumure ;

3° Pour semence dans les sables légers, suivi de seigle ou de lupin, ou bien laissé en pâturage.

Le lupin promet de devenir pour les régions mal partagées sous le rapport de la richesse du sol, surtout pour celles où le sable domine, le moyen de combiner un assolement plus rationnel. En effet, le sarrasin et la spergule étaient jusqu'ici les seules plantes améliorantes que l'on ait pu faire entrer dans la culture des terres légères. Encore ces plantes ne pouvaient-elles être cultivées dans les sables mouvants, où le lupin vient encore, et leur rendement était tellement faible et incertain que le produit n'était pas suffisant pour améliorer le sol, et qu'il fallait encore toujours recourir à une fumure supplémentaire. Le lupin, au contraire, avec son feuillage épais, bien fourni, ses longues racines, ne se borne pas à retirer sa nourriture de la couche arable seule; il absorbe une grande quantité du carbonate d'ammoniaque de l'air, active la désagrégation des substances minérales contenues dans le sol, et augmente directement, à l'aide de ses richesses en azote, la fertilité de la couche arable, et cela au plus grand profit de la production des céréales. De plus, tandis que les autres plantes améliorantes —trèfle, luzerne, sainfoin, etc.,— ne peuvent être cultivées avec succès que dans les terres déjà riches, le lupin croît dans les sols les plus stériles, et cela sans fumure, et il les améliore dans une plus forte proportion que les autres légumineuses dans les terres plus riches qu'elles affectionnent.

§ 3. — Place dans la rotation des cultures.

Le choix d'un assolement convenable, souvent si complexe et si important, est singulièrement facilité avec le lupin, attendu qu'il ne dépend le plus souvent que du but qu'on se propose d'atteindre en le cultivant. En effet, cette papilionacée se succède à elle-même sur le même sol, et l'on ne connaît aucune plante après laquelle le lupin ne vienne pas bien, ou qui ne prospère pas après lui.

On a vu des champs de lupin cultivés sans interruption depuis de longues années; et chaque fois que les façons préparatoires avaient été très-soignées et très-profondes, le rendement en fanes et en graines était resté constant. Il a même été reconnu que plus souvent le lupin revient à la même place, mieux la graine mûrit et plus son produit se récolte facilement. Les mauvaises herbes, et surtout le chiendent, infestent alors, il est vrai, le champ; mais comme toutes les emblaves de lupin sont plus ou moins sujettes à cet inconvénient, il ne résulte pas de dommages particuliers de cette pratique, que beaucoup seront tentés de considérer comme une hérésie agricole.

D'autres exemples (ce sont les plus nombreux) démontrent que le lupin peut alterner avec le seigle ; il est donc possible de cultiver ainsi cette céréale tous les deux ans là où autrefois elle ne revenait que tous les six à dix ans. On a constaté, dans cette rotation, que le sable prend peu à peu une couleur plus foncée,—les sables jaunes et brunâtres sont surtout dans ce cas,— que sa texture devient plus liante. Notez bien que cette alternance de deux récoltes salissantes n'est pas sans inconvénient : d'une part, le sol se couvre de chiendent ; d'autre part, le sable labouré sans interruption tous les ans devient à la longue trop meuble, mouvant même, ce qui très-souvent amène l'obligation de le laisser pendant quelques années en jachère.

La meilleure culture préparatoire pour le lupin est la pomme de terre, parce qu'elle nettoie le sol ; mais on ne peut la faire servir qu'exceptionnellement à cet usage, puisque les terres à lupin ne sont pas toujours aptes à produire ce tubercule. Dans ce cas, on donne la préférence aux divers grains et aux marsages. Le lupin fait alors l'office de jachère productive, dans les contrées où l'assolement triennal est encore en vigueur. Le résultat d'un essai comparatif rapporté par Voigt, le démontre clairement.

Deux parcelles contiguës, de même nature, furent

ensemencées en seigle, l'une sur jachère, l'autre sur éteules de lupin. Quoique la première eût reçu au printemps une fumure en *top dressing* de guano, la seconde la surpassa en rapport dans la proportion de 7 : 5.

Dans les terres sablonneuses, où l'on ne cultive pas d'autres plantes, l'assolement le plus ordinaire est encore :

1. Lupin comme fumure verte et pacage ;
2. Seigle ;
3. Lupin pour semence.

Lorsque le sol est trop infesté de chiendent, on le laisse reposer en jachère, comme pâturage, mais jamais plus de trois ans de suite. Dans ce cas, on admet qu'un quart de la superficie de la rotation est en pâturage, une moitié en céréales, et le reste en lupin pour engrais et pour fourrage.

La plus grande partie des plantes cultivées viennent d'ordinaire très-bien après le lupin ; mais, comme nous avons eu soin de le dire, il provoque le développement de la moutarde blanche, du chiendent et d'autres graminées. Cette circonstance très-favorable pour la fixation des sables mouvants n'est toutefois pas générale. C'est ainsi que certaines emblaves, quelque fourrées qu'elles soient, sont infestées par les mauvaises herbes, tandis que pour d'autres se trouvant dans des conditions identiques, l'inconvénient n'arrive jamais, ou il ne se produit qu'à un faible degré.

Le moyen le plus efficace de remédier à ce dernier envahissement serait sans contredit d'intercaler des cultures sarclées dans la rotation; mais cette combinaison n'est pas souvent possible, car la nature des terres consacrées au lupin ne s'y prête que rarement, ainsi que nous l'avons déjà dit et répété.

Les graminées fourragères venant très-bien après le lupin, on a basé sur cette remarque différents assolements perfectionnés où la production de fourrages d'embouche est prévue.

Voici les plus généralement suivis.

I

1. Lupin pour semence;
2. Seigle;
3. Pommes de terre fumées;
4. Avoine;
5. Lupin pour fumure verte;
6. Seigle pur graminées fourragères;
7. Pâturage (ray-grass, trèfle blanc, plantain, etc.);
8. Id.

II

1. Lupin pour fumure en vert;
2. Seigle;
3. Pâturage;
4. Id.
5. Lupin pour fumure verte;
6. Seigle;
7. Lupin pour fumure verte ou fourrage ;
8. Seigle d'été.

III

1. Lupin pour fumure en vert ;
2. Seigle ;
3. Lupin pour fourrage ;
4. Seigle fumé ;
5. Avoine ;
6. Pâturage ;
7. Id.

IV

1. Lupin ;
2. Seigle ;
3. Lupin ;
4. Seigle ;
5. Lupin ;
6. Seigle ;
7. Pâturage ; fétuque ovine ;
8. Id. —
9. Id. —

Ce dernier assolement est adopté depuis douze ans dans la même ferme, sur plus de 100 hectares, et cela sans qu'il ait été employé de fumier quelconque.

V

1. Lupin enterré en vert;
2. Seigle avec guano;
3. Pommes de terre;
4. Seigle avec guano;
5. Pâturage pendant 1-2 ans.

VI

1. Lupin enterré en vert,
2. Pommes de terre;
3. Seigle d'été;
4. Lupin pour semence;
5. Céréales d'hiver.

VII

1. Pâturage;
2. Lupin;
3. Seigle;
4. Pommes de terre sur demi-fumure;
5. Vesces avec seigle d'été;
6. Seigle d'hiver;
7. Lupin pour semence;
8. Mélange de trèfle et herbage.

§ 4. — Influence du lupin sur les plantes qui croissent dans son voisinage.

Le lupin n'exerce pas seulement une influence sur les plantes qui doivent le suivre dans l'assolement, il paraît étendre aussi cette influence aux plantes qui croissent dans son voisinage.

Des observations de Lette sembleraient établir, en effet, que les émanations produites, lors d'un temps humide, par un champ de lupin jaune, influent d'une manière défavorable sur les champs voisins de froment et de seigle en floraison au même moment. Ceux-ci ne donnent alors pas, ou ne donnent que très-peu de grains.

Les feuilles du mûrier croissant à proximité des champs de lupin donneraient aussi, paraît-il, la mort aux vers à soie.

Le lupin semblerait encore devoir arrêter les ravages occasionnés par la maladie des pommes de terre. On conteste, il est vrai, ce fait; mais on admet généralement, cependant, que les pommes de terre qui viennent après le lupin restent toujours plus saines que celles qui croissent dans son voisinage et qui ne sont pas dans ce cas.

Enfin, le lupin présenterait la particularité du chanvre, d'éloigner des autres plantes cultivées les chenilles et les larves du hanneton.

§ 5. — Préparation du sol. — Travaux d'amélioration.

Ainsi que nous l'avons vu, le lupin réclame une terre ameublie dans toutes ses parties. Nous recommandons en conséquence des façons très-soignées, aussi profondes que possible, et l'emploi de tous les moyens conseillés pour atteindre ce but.

Les façons à donner au sol dépendent essentiellement de sa nature. Dans les terres sablo-argileuses et argilo-sablonneuses, on donne un labour profond avant l'hiver, afin de soumettre la terre aux influences bienfaisantes de l'atmosphère. On donne ensuite deux et même trois façons au printemps.

Les terres sablonneuses ordinaires ne reçoivent qu'une façon à l'automne et une au printemps. Dans les sables très-légers, on ne donne qu'un labour, lequel s'exécute avant l'hiver. Quant aux terres qui s'empâtent facilement, cette façon doit, au contraire, être donnée au printemps. Ce labour unique doit en outre être précédé d'un déchaumage, ou d'une façon superficielle, lorsque le sol est infesté de mauvaises herbes, qu'il importe de détruire.

Comme le lupin craint l'humidité stagnante dans le sous-sol, il y a avantage à faire précéder ces labours de travaux d'assainissement et de drainage.

Un sous-solage convenable aidera en outre à vaincre les inconvénients résultant d'une terre arable peu profonde, placée sur une couche d'alios pierreuse, de terre forte. Une bonne charrue fouilleuse, ou, à défaut de celle-ci, tout autre instrument défonceur, rendra d'excellents services dans l'occurrence. Ce labour peut avoir lieu de manière que la terre du sous-sol soit ramenée à la superficie, attendu que le lupin n'aura pas à en souffrir.

§ 6. — **Engrais et amendements.**

Le lupin, plante essentiellement améliorante, ne réclame rien du cultivateur et lui rend beaucoup (Col. II, 2); il engraisse la terre et c'est, de toutes les plantes, celle qui lui vient le mieux en aide (Col. II, 10). Le lupin n'a pas besoin de fumier; il le remplace, au contraire (Pl. XVIII, 56), surtout pour les céréales (Pl. XVII, 7), ainsi que Saserna le constate déjà (Col. II, 14). Il n'y a donc pas lieu de s'étonner que cette plante vienne dans des terres qui, de mémoire d'homme, n'ont pas reçu la moindre parcelle d'engrais; ce qui n'empêche pas ce précieux végétal de réussir mieux dans des champs cultivés, sur ancienne fumure, alors même que ces champs semblent avoir été épuisés par des cultures successives et nombreuses.

N'oublions pas de faire observer, toutefois, que dans les terres plus riches, le lupin prend beaucoup de développement et qu'il mûrit sa graine très-irrégulièrement et beaucoup trop tard.

Le lupin craint une fumure complétement composée d'engrais d'étable frais. C'est ainsi qu'en 1857 et en 1859, nous avons constaté que dans les années sèches cette fumure met obstacle à son développement, tandis que sous l'influence d'une température humide, elle précipite trop la croissance et amène la verse.

Il en est autrement d'une fumure faible, laquelle est surtout profitable à la récolte de seigle, ou de pommes de terre, qui suit celle de lupin.

Si l'on se propose avant tout d'obtenir une forte récolte en fanes, on fume avec du purin, lorsque les plantes ont une hauteur de 15 à 30 centimètres.

Une faible fumure de guano, 50 à 100 kilog. par hectare, répandu en couverture lorsque les plantes ont quatre feuilles, est également favorable.

Il n'en est pas de même de la poudre d'os brute et calcinée. Elle est d'un effet nul (sans être nuisible cependant), ainsi que le chaulage, le marnage, et surtout l'emploi de composts formés avec de la tourbe et de la vase.

Quant au plâtrage pratiqué avec tant de succès, dans des circonstances données, sur d'autres papilionacées, il est également avantageux au développement du lupin. L'opération doit avoir lieu un peu avant la floraison; on emploie environ la moitié de la quantité de plâtre nécessaire à la même superficie de trèfle. Ajoutons que l'effet utile du plâtrage se fait toujours remarquer sur la récolte suivante.

§ 7. — Semaille.

On cultive le lupin pour ses *semences* et pour ses *fanes*. Sa semaille doit donc naturellement différer, suivant qu'on veut obtenir les unes ou les autres.

La graine à semer doit être bien mûre, régulièrement conformée, et *surtout* elle ne doit pas avoir une odeur de moisi. Elle ne demande qu'à être faiblement recouverte; il ne faut donc pas l'enterrer à la charrue. Si le champ à emblaver a été nouvellement labouré, on sème sans autre préparation et on recouvre par un léger coup de herse. A-t-il été façonné à l'automne, on herse avant de semer et on recouvre de la même manière. On donne deux hersages (l'un en long, l'autre en large) lorsque la terre sur laquelle on opère est sujette à durcir superficiellement.

Dans aucun cas, on ne doit s'inquiéter du semis

superficiel de la graine, qui lève plus facilement ainsi que si elle était enterrée trop profondément. Trop recouverte de terre, elle perd sa faculté germinative dans les terrains humides. Dans les sols secs, elle conserve longuement cette faculté et germe dès qu'elle est placée dans des conditions favorables par suite des façons ultérieures.

On ne roule les semis de lupin que dans les sables mouvants qu'il importe de fixer ; dans les autres terrains, cette opération est nuisible.

L'époque la plus convenable pour procéder à l'ensemencement dépend de la température, car le lupin réclame pour germer et pour se développer ensuite normalement, de la chaleur et de l'humidité. En règle générale, le lupin blanc peut déjà être semé au commencement d'avril ; quant aux autres variétés, on ne les sème pas avant que l'herbe commence à pousser, c'est-à-dire dans la seconde moitié du mois d'avril, et toujours quelque temps après les vesces et les pois. La jeune plante peut supporter, il est vrai, une gelée printanière ; mais elle en souffre lorsqu'elle n'a encore que ses cotylédons. Elle reste d'ailleurs alors très-délicate et pourrit lorsque le temps est humide et froid.

Ainsi que nous l'avons déjà dit, l'usage auquel on destine le lupin détermine le moment du semis. Celui que l'on cultive à titre de fourrage d'embouche sera semé le premier, et on poursuivra l'opération à des intervalles de 8 à 15 jours jusqu'à la fin de juin. Le lupin qu'on destine à la production de la semence sera confié ensuite à la terre jusqu'au 1er mai au plus tard. Si l'on se propose une récolte de foin, on sèmera pendant la première moitié de juin.

On ne fait d'ordinaire subir aucune préparation à la semence. Toutefois, comme le lupin met beaucoup de temps à lever en temps sec, on est quelquefois dans la nécessité de forcer sa germination. A cette fin, on trempe la graine dans de l'eau un peu tiède, ou, après l'avoir arrosée sur l'aire d'une grange, on la dispose en tas, et on la recouvre avec des sacs jusqu'au moment de la semaille. Dans l'un comme dans l'autre cas, on ne doit pas attendre au delà de l'apparition de la pointe du germe pour semer.

Jusqu'ici, le plus souvent, l'ensemencement a eu lieu à la volée, à raison de 160 à 190 litres de graine par hectare, en vue de l'enterrer en vert. Lorsqu'on cultive le lupin dans le but d'obtenir de la graine, on emploie 110 litres à l'hectare, lorsqu'on fait cueillir les gousses à la main. Si l'on se proposait de faire la récolte en grand à l'aide de la faux, on aurait besoin de 200 à 260 litres pour la même superficie. Cette quantité est nécessaire pour obtenir une maturité plus égale, les plantes très-serrées ne se ramifiant pas autant que les plantes clair-semées. Au surplus, la quantité de semence à employer dépend beaucoup de la qualité du sol à emblaver. C'est ainsi que dans un sable argileux

Fig. 3.

frais, cultivé de vieille date, et propre, où les lupins tallent beaucoup, on n'a besoin que de 80 à 100 litres par hectare.

On a essayé de cultiver le lupin en lignes, notamment chez M. de Wulfen, de Pietzpuhl, l'introducteur du lupin blanc dans la culture du nord de l'Allemagne. M. Thaër l'a également fait, en 1858; et chaque fois qu'on n'enterrait pas trop profondément la semence, les résultats étaient favorables. En outre, quelques petits cultivateurs des environs d'Aundsee sèment aussi leur lupin en lignes et le traitent comme plante sarclée. Ceci a engagé M. de Moser, de Gross-Ziethen, à se servir pour cet usage du grand semoir de Garrett dont nous donnons le dessin (fig. 3). La graine fut recouverte très-régulièrement et leva de même. Avec un espacement de 24 centimèt. entre les lignes, on employa 120 litres de semence à l'hectare. L'intervalle, porté à 30 cent., réduisit cette quantité à 94 litres; enfin, avec une distance de 36 cent., il ne fallut que 80 litres de semence. La machine en répand par jour environ 3 hect. 50 et exige 2 chevaux et 3 hommes. On donne au lupin les mêmes façons d'entretien qu'aux pommes de terre.

L'espacement des lignes permet de récolter la semence à la main sans amoindrir le produit en fanes. Mais l'économie de la graine, qui est un des principaux avantages de la culture en lignes, n'est pas applicable au lupin. En effet, son influence sur la récolte suivante dépend de son état fourré. En outre, d'après de Weckherlin, la culture en lignes est utile dans les terres fertiles, infestées par les mauvaises herbes; les résultats en sont douteux en bon fonds, bien cultivé, tandis qu'elle est nuisible dans les terres sablonneuses et légères. Or, les lupins étant principalement cultivés sur ces derniè-

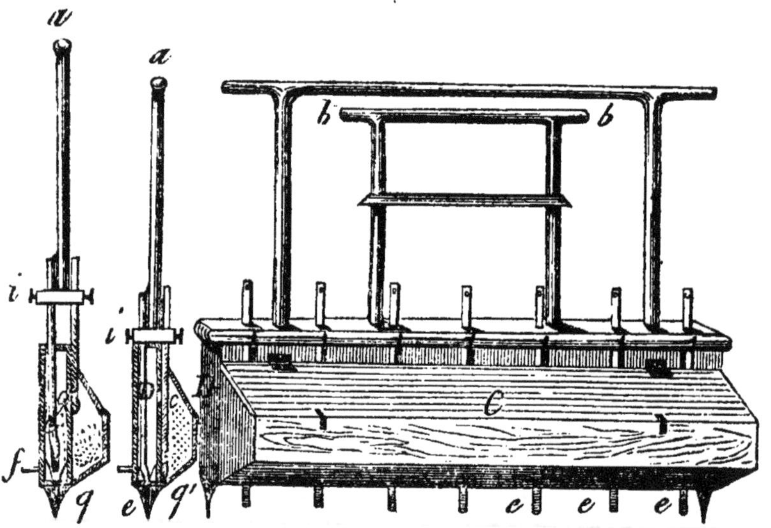

Fig 4. Fig. 5. Fig. 6.

res, il s'ensuit que le seul avantage du semoir réside dans la régularité de la couverture de la semence.

Une dernière méthode de semer le lupin consiste à planter la semence par place au dibbleur (fig. 4, 5, 6), (1).

On trace des lignes au rayonneur dans le sens de la longueur et de la largeur, de 20 à 30 centimètres d'écartement, et on place la graine au point d'intersection à 3 ou 4 centimètres de profondeur. Dans ce cas, le planteur recouvre d'ordinaire par un coup de talon.

§ 8. — Semis mélangé et comme abri.

Le désir d'utiliser le plus convenablement les terres à emblaves et d'en obtenir un produit d'une plus grande valeur, comme aussi la difficulté d'habituer le bétail à l'amertume du lupin, a donné l'idée d'expérimenter l'emploi d'un mélange de diverses plantes cultivées dans les terres sablonneuses de différentes qualités et plus ou moins riches. Parmi les mélanges qui donnent le meilleur résultat, on

(1) La figure 4 représente l'instrument vu de face.

La figure 5 est une coupe verticale.

La figure 6 est une coupe verticale, les manches tirés en haut.

aa et *bb* représentent les manches : les premiers sont mobiles, les seconds sont fixes ; *C* est la boîte où l'on dépose les graines ; *D* est une espèce de coulisse dans laquelle glissent les plantoirs *cc* ; *ii* donnent l'idée de la traverse à laquelle sont fixés les plantoirs et les lames qui distribuent la semence.

recommande particulièrement pour la nourriture des moutons :

Comme fourrage vert :

Le lupin et la spergule;
Le lupin et le trèfle incarnat;
Le lupin et la serradelle.

Comme fourrage sec :

Le lupin et les pois gris;
Le lupin et la lentille uniflore.

Pour l'espèce bovine on emploie :

Le lupin et les vesces, quelles que soient les variétés;

Le lupin et le millet (Panicum).

Toutefois, ces emblaves mélangées, ces sortes de *dravières* ou de *warats, bisailles* ne réussissent pas partout où il est possible de retirer une récolte de lupin à la suite d'une bonne préparation du sol. Les exigences qu'elles posent à ce dernier sont trop diverses pour atteindre dans des conditions données un résultat satisfaisant.

Ces mélanges se sèment en même temps que le lupin et se font dans les proportions suivantes :

4 litres lupin. 1 litre vesce.
4 » » 1 » lentille uniflore.
3 » » 1 » pois, etc.

C'est le lupin jaune qui se prête le mieux à tous les mélanges; le bleu les supporte le plus difficilement. Cependant, dans certaines parties de la France, on lui adjoint le trèfle incarnat.

Aux mélanges que nous venons de citer nous en ajouterons qui sont moins habituels, mais dont l'utilité a été constatée dans des cas spéciaux :

Lupin et sarrasin, lorsque le fourrage n'est pas destiné aux moutons.

Lupin et navette blanche pour fourrage hâtif.

Le seigle et l'avoine ont été essayés aux mêmes fins. On sème, dans ce cas, le lupin dans le seigle, lorsque ce dernier est sur le point d'émettre ses premières pousses au printemps.

Enfin, on sème aussi pour former des pâturages permanents, en même temps que le lupin et avec lui, des mélanges composés de ray-grass, trèfle blanc, plantain, fétuque ovine, anis, etc.; mais, dans ce cas, le lupin doit être très-clair : 1 hectolitre de semence à l'hectare.

Vient une dernière application du lupin et qui n'est pas la moins importante.

Dans les sols légers, sans abris, le boisement présente des difficultés que le lupin est destiné à faire disparaître, en donnant l'ombrage nécessaire aux semis de pins sylvestres et maritimes qui, eux aussi, s'accommodent des plaines sablonneuses. Mais pour obtenir un résultat satisfaisant, on se rappellera que le lupin n'aime pas les friches nouvelles. On sèmera donc, comme culture préparatoire, du seigle, du sarrasin, ou, s'il est possible, des pommes de terre. Ensuite, et en même temps que les pins, on répandra au maximum 100 litres de graine de lupin à l'hectare. Les semis par bandes alternes seront ici d'un bon rapport et d'une récolte facile. Ils ne peuvent donc être assez recommandés, surtout pour les sapinières exploitées d'après la méthode campinoise, après les récoltes usitées.

§ 9. — Soins d'entretien du lupin pendant sa végétation.

Dès que la semence du lupin est recouverte, dans les terrains souffrant d'une humidité stagnante ou superficielle, on procède au rigolage, c'est-à-dire à l'ouverture de *raies d'écoulement* ou de *raies de bout* en nombre suffisant, et on les entretient continuellement en bon état. Lorsqu'après la semaille arrive un temps sec, la surface de certaines terres se durcit tellement qu'elles deviennent imperméables à l'air et que les cotylédons de la plante ne peuvent se faire jour à travers la croûte superficielle. Dans ce cas, on donne un léger hersage, à l'aide d'une herse en bois, et on peut même répéter cette opération selon le degré de ténacité de la couche dont il s'agit. Après cela, le lupin peut à la rigueur être abandonné à lui-même pendant la durée de sa végétation. Toutefois, et ne fût-ce que dans l'intérêt de la récolte suivante, il convient de lui donner quelques soins. Le lupin croît assez lentement dans sa jeunesse, et cela aussi longtemps que sa forte racine n'est pas entièrement développée. Cette période d'arrêt, en quelque sorte, est exploitée par les mauvaises herbes, entre autres par la moutarde, qui envahit les champs emblavés avec une intensité telle, qu'ils ressemblent souvent à une pièce de colza en fleurs.

Lorsqu'on a des animaux qui ne sont pas habitués à se nourrir de lupin, le plus simple est de faire pâturer la moutarde par les moutons. Mais cela doit avoir lieu par un temps sec, afin de prévenir la météorisation. Dans les contrées où le fourrage est rare, on fait enlever les mauvaises herbes par les journaliers, qui les recherchent pour leurs bestiaux.

Les sarclages doivent, pour bien faire, s'effectuer à la main, attendu que l'emploi d'instruments spéciaux diminue souvent la consistance de terrains auxquels on reproche déjà trop de mobilité. Ce motif s'oppose également aux façons que l'on serait quelquefois tenté de donner pendant la végétation.

§ 10. — **Maladies et insectes nuisibles.**

Les lupins sont en général très-rustiques, et leur amertume les protége contre les ravages des insectes; ils ne souffrent que rarement des intempéries des saisons.

L'époque critique pour la plante est celle de la germination, que la gelée contrarie parfois. Il en est de même lorsque le temps est froid et humide, et la couche superficielle du champ durcie, pendant la première jeunesse. La grêle fait peu de tort aux champs de lupin; lorsqu'il n'a pas encore mûri sa graine, il repousse vigoureusement du pied et recommence bientôt à fleurir.

La cuscute s'attaque quelquefois aux lupins, mais les ravages en sont bien restreints. On ne lui connaît pas non plus de ces affections cryptogamiques qui se rencontrent sur d'autres plantes cultivées, telles que la rouille des blés, l'oïdium de la vigne, la botrytidie des pommes de terre, etc.

Dans les contrées où le gibier est abondant, les

lièvres recherchent avidement le lupin, et occasionnent des dégâts. Les souris y cherchent volontiers un refuge et se trouvent ainsi parfaitement logées pour décimer le seigle qui succède au lupin.

La bruche des pois dépèce quelquefois les feuilles de lupin et en perce les gousses. La chenille d'un papillon nocturne (*agrotis obelisca*) s'attaque également aux plantes qu'elle ronge rez-terre. Les dégâts de ces deux insectes sont dans tous les cas d'une importance minime et n'ont réclamé jusqu'ici aucune mesure préventive.

CHAPITRE DEUXIÈME.

RÉCOLTE DU LUPIN.

La récolte du lupin est subordonnée au but que l'on se propose d'atteindre en le cultivant. Elle est tout autre, soit que l'on ait en vue de recueillir de la graine pour les semailles, soit qu'il s'agisse de l'alimentation du bétail, soit qu'on destine les fanes à produire des fourrages secs ou verts, soit enfin qu'on le fasse servir d'embouche ou d'engrais vert.

Comme la récolte est une opération qui influe beaucoup sur la valeur des produits du lupin, nous allons nous occuper minutieusement de celle des fanes et de la graine. Nous réservons l'indication des diverses manières de l'utiliser pour le chapitre suivant, attendu qu'en ce moment nous n'avons pas affaire au lupin récolté dans l'acception propre de ce mot.

§ 1. — Récolte des fanes.

Le rendement du lupin en fourrage sec est très-variable; il dépend du sol et de la température.

On peut récolter :	Fourrage sec par hectare.
Dans un sol argilo-sablonneux, par un été chaud et humide,	40 quint. mét.
Dans un sable stérile et un été sec,	20 —
Dans une année ordinaire,	36 à 60 —

La récolte de lupin se fait de différentes manières, soit comme *foin sec*, sur meulons ou chevalets, soit comme *foin brun*, ou à la Klapmeier, soit enfin comme *foin acide*.

La préparation du foin sec à l'aide de meulons se rapproche de la méthode employée pour le fanage du produit des prairies naturelles; il est peu coûteux et sans inconvénient pour les animaux. On fauche lorsque le lupin commence à mûrir; mais comme ses fanes sont très-dures et ligneuses, on se sert pour cela d'une faux (fig. 7) très-courte et bien étoffée. On laisse le fourrage en andains, de une

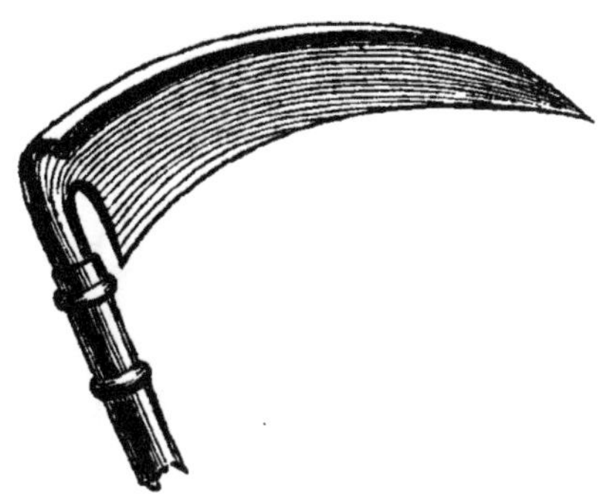

Fig. 7.

à quatre semaines, sans y toucher; ensuite il est élevé en petits tas, et après qu'il y est resté pendant 15 à 30 jours, s'il n'est point mouillé par la pluie ou le brouillard, on forme des tas coniques non tassés de 1 à 2,000 kilog. On ne rentre jamais plus que ce qui peut être consommé en 48 heures, afin d'éviter la moisissure ou l'échauffement.

Ce foin est à peu près aussi pesant que celui de la spergule, et peut être comparé à de bon trèfle séché; il est pour le moins aussi nutritif, mais il est plus astringent.

On fane le lupin comme les autres fourrages secs; seulement, il exige beaucoup plus de travail et de soins, à cause de ses tiges fortes qui retiennent l'humidité.

Le moyen le plus rationnel de réduire le lupin en fourrage sec, est jusqu'ici le fanage sur chevalets.

Ces chevalets (fig. 8) sont composés de trois per-

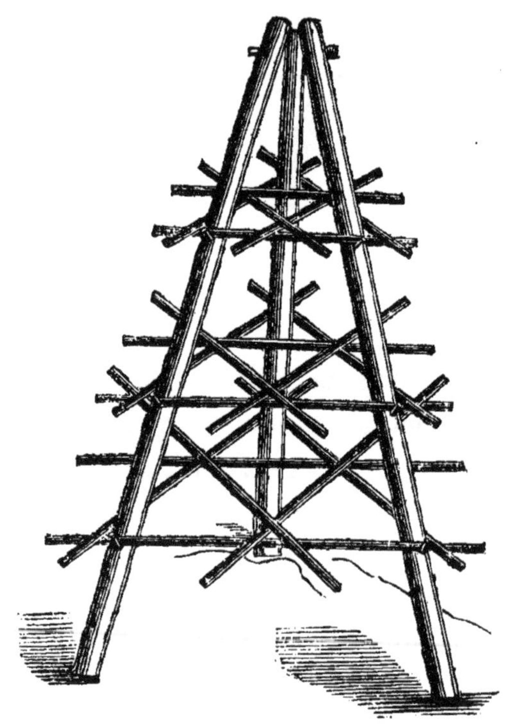

Fig. 8.

ches de 5 mètres de longueur réunies au sommet et formant une pyramide d'environ 2 mètres à la base. Sur ces chevalets se trouve, à environ un mètre de hauteur du sol, une forte cheville en bois; 60 centimètres plus haut, une deuxième cheville, et à une distance à peu près égale, une troisième. Ces chevilles sont plantées à la face extérieure des montants et doivent supporter des bâtons munis de leur écorce.

Lorsqu'ils se sont flétris par terre pendant 3 à 4 jours, les lupins sont attachés à ces bâtons et aux chevilles de manière que les gousses renfermant la graine se trouvent dans l'intérieur de la pyramide. Celle-ci doit rester constamment libre; mais l'extérieur peut être surchargé de fanes sans que pour cela il en résulte un inconvénient quelconque. On peut aussi placer deux pyramides à proximité l'une de l'autre et réunir à l'aide de perches et former ainsi des dos d'âne présentant un plus grand espace pour sécher la récolte.

Le lupin placé de la sorte devient complétement sec et peut être rentré comme tout autre fourrage; mais, le plus souvent, on le laisse sur les chevalets jusqu'à ce qu'il puisse être consommé. On fera toujours bien de garnir les chariots de toile, comme cela se fait pour la rentrée du colza.

Pour les charger et les décharger, on se servira avec avantage de la fourche Pelletier, dont les deux dents de côté sont placées à droite et celles du milieu à gauche.

Nous arrivons maintenant à la préparation du foin de lupin d'après la méthode Klapmeier. Pour cela, les fanes sont récoltées en vert et tassées de manière à entrer en fermentation; le tout comme cela se pratique pour le foin brun ordinaire. Cette méthode donne lieu à beaucoup de travail et de précautions. Comme les avantages qu'elle présente sont nuls, elle a été abandonnée pour le lupin.

Il en est pour ainsi dire de même du foin acide de lupin préparé dans des fosses où il est stratifié avec de la paille de seigle et salé. Son affourragement a donné lieu à des accidents qui ne compensent pas toujours les bons effets produits par cette méthode.

Le fourrage sec de lupin exige beaucoup de place, soit qu'on le rentre en grange, ou qu'on le mette en meule ou en gerbier. Dans l'un comme dans l'autre cas, il entre en fermentation, et on lui laisse jeter son feu avant de le distribuer aux animaux. On a remarqué que c'est en petites meules pyramidales de une à deux voitures, qu'il se conserve le mieux. On construit ces meules sur les lieux de la récolte, ou, suivant les circonstances locales, à proximité de bâtiments d'exploitation.

Nous n'avons pas encore entendu parler de l'emploi du sel pour la salaison du fourrage sec emmagasiné. Nous nous proposons d'en faire l'essai lors de la prochaine récolte.

§ 2. — Récolte de la semence.

Le rendement en semence du lupin est très-variable; plus encore que celui du sarrasin, il dépend de la température.

La méthode à suivre quant à la récolte de la graine, surtout pour le lupin jaune, a une sérieuse influence sur le rendement. Voici quelques chiffres qui déterminent le produit moyen de deux variétés :

		Lupin jaune.	Lupin bleu.
Récolte minimum.	hectolitres.	9	11
— moyenne.		16	23
— maximum.		26	35

Pour le lupin jaune, il est difficile de déterminer très-exactement l'époque à laquelle la récolte de la graine doit s'effectuer, surtout lorsqu'on ne cultive pas le lupin plusieurs fois de suite dans le même terrain, ou que, par exemple, l'on ne fait pas suivre le lupin blanc ou le lupin bleu du lupin jaune, ou bien lorsqu'on a semé trop clair ou sur fumure.

Dans ces cas, la plante ne discontinuant pas de végéter, les extrémités sont encore en fleurs lorsque déjà les gousses sont mûres sur les rameaux inférieurs. Cependant, les gousses s'ouvrent facilement au soleil et disséminent leur contenu, si l'on attend trop longtemps pour récolter. Enfin, les plantes ne mûrissent pas également; les unes mettent moins de temps que les autres pour acquérir leur développement.

En général, on reconnaît que le lupin est bon à récolter lorsque les branches principales changent de couleur, que leurs extrémités perdent les feuilles, que les gousses deviennent jaunes et que la graine se couvre de marbrures.

On la récolte de plusieurs façons.

Dans la petite culture, et lorsque la semence est rare et chère, on cueille les gousses à la main. Des femmes ou des enfants entrent dans les champs, détachent les gousses qui commencent à brunir, et les rassemblent dans des sacs, pour les transporter dans un grenier aéré et les faire sécher en les étendant par couche mince.

On arrache le lupin comme le chanvre; on le place en meule, les racines en dehors, et on le laisse sécher.

La faucille n'est pas à dédaigner non plus; mais comme pour les autres plantes agricoles, lorsqu'on cultive le lupin en grand, on choisit le moment où une partie des gousses commencent à brunir. On se sert de la faux (fig. 7), ou l'on emploie une faucheuse-moissonneuse, celle de Wood, par exemple, telle qu'elle a été perfectionnée par Pintus. On laisse en andains. Dès que les tiges sont devenues assez sèches pour rester raides et empêcher le tout de se tasser, on met en petits tas et enfin en meulons.

D'autres fois, on les étend de huit à trente jours sur des chevalets, ainsi que nous l'avons indiqué précédemment.

Enfin, on a soin de mettre les lupins pour semence en moyettes; on ne doit jamais perdre de vue, quelle que soit la méthode qu'on emploie, qu'il importe d'obtenir une dessiccation aussi parfaite que possible, afin de pouvoir combattre la fermentation qui est toujours à craindre à cause du volume des fanes de lupin.

Les lupins rentrés en grange doivent d'abord se ressuyer pendant quatre semaines avant qu'on puisse procéder à la séparation des graines que l'on destine à l'alimentation du bétail. Quant à celles à recueillir pour semence, on les laisse aussi longtemps que possible dans les cosses; elles se conservent mieux ainsi. Comme la séparation n'est pas sans difficulté, on procède à cette opération pendant les fortes gelées. A l'aide du fléau, on parvient, il est vrai, à séparer les gousses des fanes, mais on n'obtient pas la totalité des grains qu'elles renferment. On arrive à un meilleur résultat avec une batteuse mécanique, dont le batteur et le contre-batteur sont formés de tringles très-puissantes. On doit donner beaucoup de vitesse à l'instrument, surtout si, comme cela arrive quelquefois, on n'y fait passer que les gousses seules. Il est à remarquer d'ailleurs que, quel que soit le procédé suivi, il reste toujours quelques grains dans les gousses.

La graine du lupin se conserve très-difficilement, surtout lorsqu'elle n'est pas complétement sèche ou mûre. Dans ce dernier cas, on ne la bat que lorsqu'on en a besoin, ou bien on la laisse dans sa balle, si l'on ne préfère la stratifier avec du poussier de charbon ou de la paille hachée. On l'étend aussi en couche très-mince sur l'aire d'un grenier sec et bien aéré, où l'on puisse la soumettre à un remuage fréquent. Enfin on aére le tas avec des tuyaux de drainage que l'on pose en forme de grille, à une distance de 60 centimètres l'un de l'autre, sur l'aire du grenier, et qu'on peut ensuite recouvrir de 30 centimètres de graine.

Nous venons de parler de la graine normale du lupin; mais, très-souvent, elle varie sous le rapport de la forme et de la couleur. On reconnaît sa maturité à sa couleur luisante, au son sec qu'elle produit quand on la fait rouler dans la main. Elle conserve sa faculté germinative pendant plusieurs années.

La graine de lupin ne supporte que très-difficilement le transport par eau; elle y prend facilement le moisi, et s'y altère. Dans ce cas, et même lorsque ces altérations sont à peine sensibles, il y a danger à la faire servir à l'ensemencement.

Rappelons, pour mémoire, que la graine tombée sous les meules et dans les granges, doit être recueillie et traitée comme celle provenant du battage.

De ce qui précède, il résulte que la récolte de la graine de lupin nécessite beaucoup de soins. Le lupin jaune est le plus exigeant sous ce rapport; la variété bleue ne présente pas les mêmes inconvénients, et le lupin blanc n'exige pas non plus de soins extraordinaires de ce chef.

CHAPITRE TROISIÈME.

—

USAGES DU LUPIN.

—

§ 1. — Emploi du lupin comme engrais.

A. *Emploi des fanes.*

Les lupins, grâce à leur feuillage riche et abondant et à leur prompt développement, sont doués de la faculté d'absorber dans l'atmosphère la plus grande partie de leurs principes nutritifs. Ils forment donc un engrais vert des plus puissants. Aussi, furent-ils d'abord cultivés pour leurs fanes, qui étaient destinées à être enterrées en vert. (Pl. XVII, 6.) Dans beaucoup de contrées, on continue à semer cette plante dans ce seul but, et plus d'un agriculteur lui reconnaît assez de valeur pour ne l'employer qu'à cet usage.

L'enfouissement du lupin se fait avant, pendant ou après la floraison, suivant l'état du sol et son plus ou moins de propreté. En règle générale, on préfère le temps qui précède la formation des gousses, et on attend que le champ ait le degré d'humidité recherché dans le pays pour faire une bonne semaille. Toutefois, lorsque le lupin est infesté par de mauvaises herbes, on l'enfouit avant cette époque, afin d'empêcher la maturité de la graine de ces parasites.

Les façons nécessaires à la plante qui doit suivre le lupin indiquent l'époque à laquelle son enfouissement doit avoir lieu, sans qu'on ait pour cela besoin de se presser, attendu que les semailles peuvent succéder immédiatement et sans inconvénients à la mise en terre des fanes vertes.

L'enfouissement du lupin, surtout lorsque ses fanes sont abondantes, est un travail assez difficile et très-fatigant, qui réclame un laboureur soigneux, expérimenté. On emploie pour l'enterrer divers procédés, dont le plus ancien consiste à faire arracher le lupin; puis un enfant qui suit la charrue, le couche dans le sillon dans le sens de sa longueur, à mesure que la charrue avance. Ce mode étant très-coûteux, on a cherché à le remplacer par le roulage des tiges de lupin, avant leur enfouissement, et cela dans le sens que suivra la charrue. Dans ces derniers temps, la herse de Norwége (fig. 9) a été employée au même

Fig. 9.

usage; mais, quoi qu'on fasse, le champ ne présentera jamais l'aspect d'un labour régulier, fait dans des conditions ordinaires. Nous n'en exceptons même pas les labours exécutés avec des araires établis spécialement pour ce travail, et dans lesquels on remplace le coutre et le décrottoir par un organe en bois qui précède le versoir et aplatit le lupin dans la raie.

Au surplus, on s'est ingénié à simplifier le travail, ou du moins à le faciliter. C'est ainsi que, d'après M. de Schlicht, on y parvient en attachant un balai devant le soc d'une charrue à avant-train. Ce balai est fixé de telle sorte que le manche repose sur l'avant-train, tandis que le balai lui-même se trouve placé en partie en avant, en partie sur le côté du versoir, et cela de manière que les plantes de lupin, soulevées par le soc, ne soient pas seulement abaissées sur le sol, mais encore maintenues dans cette position jusqu'à ce que la terre retournée par le versoir puisse les recouvrir. C'est pourquoi ce balai doit être fort, long et gros. La partie inférieure du balai fonctionne, tandis que la tête est attachée à l'age, dans le voisinage du montant, de façon à pouvoir céder au poids des lupins qui se trouvent entre lui et le versoir.

Lorsqu'un hersage doit suivre l'enfouissement, il y a nécessité de le donner dans la même direction que le labour, mais en sens inverse. On ne hersera non plus jamais en travers, parce que dans ce cas les racines du lupin pourraient être ramenées à la surface, y sécher et y durcir à un tel degré qu'il serait impossible de se servir d'instruments tranchants pour la récolte suivante, à moins de laisser de hautes éteules.

L'effet du lupin se borne en général à l'année qui suit son enfouissement. Les durs grains semés après lui ne payent d'ordinaire pas de mine à l'automne; mais au printemps suivant, dès que la terre se réchauffe, les emblaves prennent une couleur foncée et une vigueur qui permettent le plus souvent de distinguer de suite un champ fumé avec du lupin, de tout autre, eût-il même reçu de l'engrais d'étable. Pour cela, il est toutefois indispensable que le lupin ait été vigoureux et très-fourré, attendu que dans le cas contraire, son effet est peu sensible. Dans aucune circonstance, on n'a vu les durs grains souffrir du versage après le lupin.

L'enfouissement en vert a été jusqu'ici presque exclusivement préparatoire à une récolte de seigle d'hiver. Dans ce cas, la réussite est dépendante d'une semaille hâtive, soit au plus tard dans la seconde moitié de septembre, et toujours après une pluie assez abondante pour pénétrer complétement le sable.

Un essai comparatif de Gropp sur la valeur du lupin enfoui en vert, donna le produit suivant en seigle par hectare :

	kil. graine.
Seigle sur fumier d'étable	2,258
— sur lupin enfoui en vert	4,046
Ainsi, avantage pour cette dernière récolte de	1,788

D'autres recherches faites par Fleck traduisirent de la manière suivante la valeur du lupin comme fumure :

	litres.
Seigle sur lupin en vert	1,892
— sur éteules de lupin	1,649
— sur jachère avec 100 kilog. guano	1,154

Le froment a également donné des résultats favorables dans des terres argilo-sablonneuses sur lupin enfoui en vert. Déjà Pline (XVII, 7) constate que cette papilionacée est une excellente préparation pour la céréale en question et pour l'épeautre (XVIII, 36).

Quant aux marsages, ils gagnent également à une fumure de lupin. L'avoine se trouve aussi dans ce cas; mais on n'est pas d'accord sur l'époque la plus favorable pour l'enfouissement. Les uns, se fondant sur les résultats obtenus chez eux, ne voient aucun inconvénient à la fumure d'automne; les autres prétendent qu'il est plus profitable de ne retourner le lupin desséché par la gelée qu'au printemps.

Dans les terrains secs, les pommes de terre donnent des résultats favorables après le lupin, tandis qu'il n'en est pas ainsi dans les sols humides et froids. Ici, comme partout, l'état du sol doit être pris en considération, et une faible fumure d'engrais bien consommé ou de compost, donnée avec le lupin, change d'une manière marquée les conditions de production et par suite l'ordre de la rotation.

Les bons effets incontestables du lupin ont encouragé à étendre son emploi à d'autres cultures. C'est ainsi qu'en 1856, M. Bethge, de Vosshof, a semé une variété de navette d'hiver, l'avehl, dans un sol sablo-argileux et en a obtenu un produit aussi avantageux qu'avec une forte fumure d'engrais de bergerie.

Des navets cultivés sur lupin ont donné une bonne récolte, tandis que des navets placés dans des conditions ordinaires, sans cette fumure verte, n'avaient produit aucun résultat.

Le moha de Hongrie et les autres variétés de millet ordinairement cultivées, ne laissèrent également rien à désirer et donnèrent un excellent fourrage.

Enfin le ray-grass, la fétuque ovine, se trouvèrent bien d'une fumure de lupin, qui paraît être particulièrement favorable au trèfle blanc ou coucou.

L'effet utile des fanes de lupin fauchées, mises en petites bottes et enterrées au pied de la vigne, des arbres fruitiers, oliviers, orangers, était déjà connu des anciens. En Italie, on s'en sert encore de cette manière. Dans la grande culture, on ne les a employées jusqu'ici que sur le fond même où le lupin a été cultivé. On a aussi tenté de faire servir les fanes vertes à l'amélioration d'autres champs que ceux où elles étaient venues ; mais cet essai n'a réussi que dans les terres chaudes et actives.

Il paraîtrait qu'il en est autrement lorsque les fanes de lupin ont été séchées. Du moins M. Kette rapporte que dans un champ où le lupin avait été mis en meulons, la place de ces derniers était aussi visible que celle des fumerons sur un sol où l'on aurait laissé séjourner l'engrais.

Les chiffres suivants, donnés par Boos, de Brünn, sont destinés à présenter un aperçu des résultats obtenus par ces différentes méthodes sur une superficie de 579 mètres carrés :

	Rendement, kilog.	
	Grain.	Paille.
1. Lupin enfoui en pleine floraison. Seigle semé 6 semaines après.	96	205
2. Lupin fauché en pleine floraison. Seigle.	64	130
3. Lupin répandu sur le sol et enfoui. . .	66.5	136
4. Sans lupin ni engrais.	56	114

La valeur du lupin comme fourrage fait que très-souvent on ne l'emploie pas comme fumure en vert.

Plus d'un cultivateur le fait pacager par les moutons, ou le leur donne sur place. Dans ces deux cas, la récolte suivante n'en souffre pas; elle est même, paraît-il, plus assurée, surtout pour les pommes de terre.

D'autres fauchent le lupin pour le faire entrer dans la ration d'hiver. Il en est très-souvent résulté que la récolte ne présentait aucune différence avec celle des pièces où cette papilionacée avait été enterrée en vert, ce que l'on attribue à la longueur et à la force de ses racines. Cette pratique s'est surtout propagée après le résultat d'essais comparatifs faits par M. Kette, et qui furent les suivants :

a. Rendement en seigle sur lupin enfoui en vert :

	Kilog.
Grains	1,048
Paille	2,506
Balle	72
Épis	24
	3,650

b. Rendement en seigle après lupin récolté :

	Kilog.
Grains	1,256 5
Paille	2,210
Balle	62
Épis	28
	3,556.5

Le rendement général de la parcelle *a* fut, il est vrai, quelque peu supérieur à celui de la parcelle *b;* mais ce produit plus élevé ne compensa pas la valeur du lupin récolté et employé d'une manière plus fructueuse dans la ferme.

Dans l'un comme dans l'autre cas, le lupin est et reste un engrais précieux toutes les fois que l'on ne dispose pas de la quantité de fumier nécessaire à l'exploitation, et cette fumure revient à meilleur compte qu'à l'aide de matières animales. En outre, par sa masse considérable de feuilles, le lupin divise convenablement le sol et lui procure une fraîcheur qui est singulièrement avantageuse dans les terrains qu'il préfère. Comme toutes les légumineuses, il emprunte très-peu au sol; par sa feuille, il absorbe et s'approprie une grande quantité des principes de l'atmosphère, notamment l'acide carbonique et l'ammoniaque, tandis que ses racines plongeantes sollicitent la désagrégation des substances minérales qui se trouvent dans le sous-sol.

C'est ce qui explique la valeur de cette plante pour les terres sablonneuses, épuisées, légères, et l'opportunité de son emploi non-seulement pour celles-ci, mais encore pour les terrains éloignés de l'exploitation ou d'un accès difficile.

A côté de cet avantage direct, elle en présente un autre non moins important pour la culture améliorante. En effet, la culture du lupin permet d'entretenir un bétail nombreux, et naturellement elle favorise la production du fumier.

Dans la Vieille-Marche, on a ajouté une faible quantité d'engrais d'étable à la fumure verte, et on est parvenu ainsi à assurer une bonne récolte de seigle dans les fonds froids, et dans les autres, le rendement a été considérablement augmenté. C'est encore ici le cas de dire :

Avec plus de fourrage, plus de viande; avec plus de viande, plus de fumier; et avec plus de fumier, récolte plus abondante.

B. *Emploi des graines comme engrais.*

La graine de lupin est une des rares substances végétales qui aient une puissance fertilisatrice. Aussi l'emploie-t-on depuis longtemps comme engrais, en France et en Italie. A cette fin, on détruit sa faculté germinative en la trempant dans de l'eau bouillante. Ainsi préparée, elle est semée en couverture sur les récoltes, ou bien enfouie au pied des arbres, de la vigne, etc.

En Allemagne, on suit une autre méthode pour employer la graine avariée et qui, par conséquent, ne peut plus servir ni à l'alimentation ni au semis.

On réduit cette graine en farine grossière, et on la répand en couverture soit dans son état naturel, soit après l'avoir soumise à une aspersion de purin.

On a aussi essayé l'emploi de la graine de lupin dans tous les cas où le guano réussit, et le succès a été constant.

D'après la méthode suivie pour déterminer la valeur des engrais commerciaux, 200 kilogrammes de graine concassée de lupin contiennent autant d'azote fixe que 100 kilogrammes de guano.

Si à cela on ajoute les phosphates, on trouvera que la même quantité de lupin et 50 kil. de poudre d'os renferment autant d'azote que 100 kil. de guano. De plus, 200 kil. de lupin contiennent une plus forte dose d'alcalis que le quintal d'engrais péruvien.

Si l'hectolitre de graines avariées revenait à 5 francs, les 2 quintaux métriques de farine de lupin

coûteraient	30 fr.
plus 1/2 quintal de poudre d'os	12 »
l'équivalent du quintal de guano	42 fr.

Cette appréciation théorique a été corroborée par les expériences comparatives faites pendant plusieurs années de suite par M. Niendorf, de Rosdorf, en Saxe. Ce cultivateur fait réduire en farine grossière la graine de lupin et l'humecte, deux jours avant de s'en servir, au moyen de purin provenant de l'écurie des chevaux. Cette dernière opération, qui provoque la fermentation de la masse, doit avoir lieu de manière que le mélange reste assez sec et ne présente pas de grumeaux. On l'épand ensuite à raison de 200 litres par hectare et même plus. Voici d'ailleurs quelques résultats obtenus avec la graine de lupin par M. Niemann, de Ritleben, pour une récolte de seigle, sur 50 ares :

			Battage.		Rendt supr. pr 50 ares en	
No	Fumure.	Rendement.	Grains.	Paille et balle.	Grains.	Paille.
1.	Sans farine de lupin K.	1924	495	1429	—	—
2.	Avec 450 k. farine de lupin	3240	870	2370	375	941
3.	— 180 —	2646	630	2016	135	587

C. *Emploi des cosses, de la paille, etc. comme engrais.*

L'effet remarquable que produisent les fanes et les graines de lupin a suggéré l'idée d'employer toutes les parties de la plante à l'amélioration du sol.

C'est ainsi que les éteules et les racines seules, abandonnées à la terre, ont produit de bons résul-

8.

tats ; mais il ne faut pas tarder à les retourner avec la charrue.

La paille de lupin est recommandée par Voigt comme fumure en poquets pour la culture des pommes de terre. Dans ce cas, elle doit être broyée et mise au fond des fosses.

Les cosses jointes à la paille, et répandues en couverture, sont très-favorables aux prairies élevées et y provoquent la croissance du coucou ou trèfle blanc.

Les cosses seules en couverture sur seigle sortant mal de l'hiver, ont produit de bons effets. Comme toutes les autres parties du lupin, elles tuent la bruyère qui en a été recouverte.

Finalement, la poussière provenant du vannage et du criblage des graines, des balles, etc., est employée avec avantage pour la fumure des gazons et des pelouses, où elle provoque aussi l'apparition du trèfle blanc.

§ 2. Emploi du lupin dans l'alimentation du bétail.

Quoique le lupin n'ait été primitivement cultivé que pour faire servir son abondant fanage à l'enfouissement en vert, il n'en est pas moins arrivé qu'on l'a employé à l'alimentation du bétail et que même dans certains parages on le cultive de préférence pour cet usage. Le motif n'en est pas difficile à trouver.

Le lupin possède une valeur alimentaire incontestable, et aucun des fourrages connus jusqu'ici n'est proportionnellement aussi riche en substances protéinaires. Malheureusement, il contient un principe amer qui lui enlève une partie de sa valeur et que rebutent beaucoup d'animaux. Il y a même des cultivateurs qui prétendent que les animaux le refusent absolument, ou qui sont d'avis qu'il leur est nuisible. Mais ces cultivateurs peuvent-ils nier les résultats obtenus ailleurs et qui prouvent le contraire? Ce qui est vrai, c'est que les bestiaux ne s'accommodent pas tous également bien de ce fourrage, qu'une sorte de *chantage* devient nécessaire et qu'il convient, avant de se prononcer trop vite, de prendre en considération :

1° *La variété du lupin :* le bétail ne touche jamais au lupin blanc; il ne mange que les rameaux et les feuilles de la variété bleue, mais il consomme toutes les parties de la jaune ;

2° *L'espèce de l'animal :* les espèces ovine et caprine se font plus vite au goût amer du lupin que l'espèce bovine, et celle-ci s'y prête mieux que l'espèce chevaline;

3° *L'âge des animaux et leur régime antérieur :* les jeunes bêtes s'habituent plus facilement au lupin que les vieilles; celles qui ont été mal nourries adoptent ce régime avec moins de répugnance que celles qui sortent d'une étable copieusement servie;

4° *L'état du lupin et sa préparation :* le lupin est surtout rejeté par les animaux lorsqu'il leur est présenté à l'état vert pendant sa floraison; ils ne l'aiment pas non plus lorsqu'il est salé ou acidulé, par suite de sa préparation comme foin aigre;

5° *La manière de préparer la ration :* le lupin moulu, haché, auquel on a mêlé dans des proportions convenables d'autres substances alibiles, est toujours accepté avec plaisir;

6° *L'état de santé des animaux et l'époque de leur parturition;*

7° Enfin, *la bonne volonté et l'intelligence des domestiques chargés de préparer les aliments et de les présenter aux animaux.*

Ces faits posés, nous allons nous arrêter spécialement à chaque espèce d'animaux domestiques, tout en rappelant que les lupins sont employés à l'alimentation soit comme fourrage sec, soit comme fourrage vert, soit enfin comme fourrage d'embouche, et que leur culture dans ce but spécial prend tous les jours plus d'extension; ce que M. G. Kette explique de la manière suivante :

« *Depuis l'usage du lupin jaune comme fourrage, sa culture autorise, d'après les expériences faites jusqu'ici, l'espoir que, grâce à cette plante, une ère nouvelle, basée sur beaucoup de fumier puissant, s'ouvrira pour l'agriculture des contrées sablonneuses de l'Allemagne, car précisément le lupin jaune réussit sur les sols sablonneux et y donne sans aucune fumure des produits répétés et assurés, produits tellement sérieux sous le rapport de la quantité et de la qualité, qu'il est impossible de les atteindre même approximativement par la culture d'aucune autre plante qui peut croître dans les sables pauvres.* »

A. *Emploi des fanes de lupin pour l'alimentation du bétail.*

Comme nous venons de le dire, de toutes les espèces domestiques, l'espèce ovine est celle qui s'habitue le plus facilement au lupin. Dans les localités où le système pastoral est encore en usage, on le fait pâturer soit au parcours, soit au pacage; les moutons consomment le lupin jaune rez-terre, tandis qu'ils ne prennent que les feuilles du lupin bleu. Ce pâturage doit avoir lieu avant la floraison et peut être répété à plusieurs reprises. Les pommes de terre doivent donner un produit plus élevé dans les champs pacagés que dans ceux où l'on s'est borné à enterrer le lupin en vert. Cette manière d'employer le lupin est la moins dispendieuse, mais il est clair qu'elle ne permet pas d'utiliser toutes les parties de la plante comme dans l'affourragement à l'étable. Ceci n'empêche pas toutefois qu'elle prenne de l'extension. En effet, on commence même à semer le lupin dans la jachère, et, paraît-il, on s'en trouve très-bien.

Comme fourrage vert à l'étable, on ne fauche que la quantité nécessaire à la consommation journalière, puisque la pluie, la gelée et la neige ne paraissent nuire en aucune façon à la plante, au point de vue de ses propriétés alimentaires. Mais il est de bonne hygiène de ne jamais la donner à l'état humide. Les fanes converties en foin sont employées de la même manière que les autres fourrages secs. Dans l'un et l'autre cas, l'amertume du lupin, le principe astringent qu'il renferme, conseillent une certaine prudence lors de son usage. Au commencement et jusqu'à ce que le bétail y soit habitué, il faut ne le servir que mêlé à d'autres plantes fourragères, et même laisser un peu souffrir l'animal de la faim aussi longtemps qu'il le refuse. Cette mesure est parfois bien inutile, ainsi que nous l'avons constaté en 1856. En effet, un champ de lupin jaune en fleurs, cultivé pour semence, attaqué par un troupeau de moutons, fut complétement tondu avant l'arrivée du berger. Depuis lors, les quelques parcelles disséminées sur le finage durent faire l'objet d'une surveillance spéciale, attendu que les mêmes moutons les recherchaient avec avidité. L'année suivante, le cas ne se présenta plus, il est vrai, et l'on dut au contraire se donner beaucoup de peine pour habituer les bêtes ovines à cette nourriture.

Il arrive que les fanes de lupin forment exclusivement la ration du troupeau; mais ce régime ne peut durer longtemps, car au bout de 4 à 6 semaines les moutons deviennent ictériques. On évite cet inconvénient en leur donnant de la paille de seigle de jour à autre. M. Bethge, de Vosshoff, suit pour ce motif le régime suivant : Au matin ration de paille; deuxième repas, fanes de lupin nouvellement fauchées avec un peu de foin : au soir, lupin vert; et pour la nuit, paille.

Les brebis pleines peuvent être soumises au même régime, mais dès qu'elles allaitent, il faut remplacer le lupin par du foin.

Enfin, les moutons à l'engrais se trouvent très-bien d'une ration composée de lupin, à laquelle on ajoute un peu de paille et de pommes de terre.

Les bêtes à cornes au pâturage ne touchent pas au lupin aussi longtemps qu'elles peuvent trouver d'autres plantes vertes. Le bétail adulte conserve une certaine répugnance pour le lupin; mais les animaux habitués à ce fourrage dès leur jeunesse, le recherchent.

A l'étable, on leur donne le lupin vert avec de la paille; le tout convenablement haché et mélangé.

M. Kette, qui fait autorité en cette matière, nourrit son bétail avec une ration fermentée composée d'un volume de paille et d'un volume de foin de lupin; le tout haché et bien mélangé.

Quant aux vaches laitières, on ajoute à cette ration des tourteaux de colza, des turneps et quelque peu de foin de prairie. Le lait et le beurre ne contractent aucun goût particulier par suite de ce régime.

Les chevaux s'habituent également au lupin vert; dès que les gousses commencent à brunir, on le hache avec de la paille de seigle. Ce mélange est donné à discrétion, après qu'on y a ajouté du tourteau de colza, ou du seigle, ou bien du seigle et des pommes de terre, ou bien encore des carottes.

L'adjonction de tourteau est indispensable, afin de prévenir les coliques auxquelles les chevaux nourris exclusivement de lupin vert sont sujets. Pour le même motif, on remplace le lupin vert par du foin les jours de repos, lorsque les chevaux restent à l'écurie.

Pour les poulains, on donne des carottes divisées avec le coupe-racines, au lieu de tourteau.

Enfin, on distribue les fanes de lupin aux porcs, après les avoir fait bouillir avec une égale quantité de chardons.

B. *Emploi de la graine et des cosses pour l'alimentation du bétail.*

La valeur nutritive de la graine de lupin est mise sur le même rang que celle des vesces et des féveroles. Son amertume exige encore plus de précautions que les fanes lors de son affourragement ; ce qui nous engage à en décrire séparément l'emploi, avec l'espoir que les redites qui pourront en résulter, seront excusées par nos lecteurs.

La graine de lupin, du moment qu'elle ne sent ni l'échauffé ni le moisi, et qu'elle est donnée dans des proportions convenables, ne présente aucun danger pour la santé des animaux.

Les moutons s'y font sans peine, à raison de 20 litres par 100 têtes. Les brebis la reçoivent sans inconvénient, lorsqu'on n'attend pas, pour commencer ce régime, qu'elles soient sur le point de mettre bas, lorsqu'on leur donne du foin, et que l'on s'abstient d'y joindre des pommes de terre. Les agneaux s'en trouvent très-bien, et M. Kette donne déjà 14 litres de graine par 100 têtes, à l'âge de 5 semaines. La viande et le suif des moutons à l'engrais prennent beaucoup de fermeté, et ce régime semble prévenir la pourriture. Quant aux moutons tenus principalement en vue de la laine, il paraît que le lupin influe sur le suint et rend la laine plus sèche. Cette remarque ne s'applique qu'à la graine de lupin jaune; celle des variétés blanche et bleue paraît occasionner l'épilepsie.

Les bœufs de trait reçoivent la graine concassée de lupin mélangée avec les résidus bouillants de distillerie. Les jeunes bêtes à cornes l'assimilent avec profit. Les vaches laitières donnent un lait très-gras chaque fois que la quantité de graine jointe à la ration n'est pas trop forte et ne dépasse pas 1 kil. 5 par jour et par tête. La graine concassée doit toutefois être détrempée avec de l'eau chaude. Lorsque la ration contient trop de lupin, ou qu'elle est préparée à froid, le lait et surtout le beurre deviennent d'une amertume très-prononcée.

Quant aux chevaux, ils s'habituent très-difficilement à la graine de lupin, surtout lorsqu'ils ont vécu de féveroles, vesces, etc. Son âpreté fait qu'on ne peut la donner qu'à de vieux chevaux et pendant la saison des fortes fatigues. On parvient le plus facilement à la faire manger en la donnant avec des carottes, des pommes de terre, des topinambours, etc. En modifiant la forme sous laquelle on l'administre, on pourra finir par la donner sans autre préparation que le concassage ou la macération. Mais cet aliment étant encore plus échauffant que les féveroles, il est utile de prendre ses précautions.

Les porcs ne supportent le lupin que lorsqu'ils ne connaissent aucun autre aliment farineux, et encore en sont-ils d'ordinaire incommodés. Leurs jambes enflent, et nous connaissons un cas où trois porcs en sont morts.

On peut préparer la pâtée des oies avec de la farine de lupin; elles s'en trouvent bien, ainsi que des gousses vides de cette papilionacée.

En résumé, il y a toujours profit à malter, à concasser la graine de lupin pour la joindre à la ration. Malheureusement, comme cette graine est peu consistante quand elle est fraîche, elle empâte les machines à concasser. Pour y remédier, on passe les graines au four, ou bien on les conserve au grenier jusqu'à ce qu'elles soient parfaitement sèches.

Ce qu'il ne faut pas oublier, c'est que les animaux doivent, dans tous les cas, être habitués progressivement au lupin. On y parviendra en commençant par une faible dose et en mélangeant d'abord la farine de lupin avec le fourrage haché, et cela jusqu'à ce que les animaux soient accoutumés au goût âcre qui leur répugne dans le principe. Ce résultat obtenu, il devient encore nécessaire de continuer à présenter aux bêtes le lupin en mélange avec une autre nourriture, et cela dans la proportion d'un tiers à un quart.

Avec de la patience, de la bonne volonté, on parvient au but, surtout si l'on est secondé par les agents de la ferme; car ici aussi on rencontre encore trop souvent l'opposition qui se produit contre tout ce qui n'est pas dans les habitudes, ou qui ressemble à une nouveauté. C'est ainsi que nous connaissons un cas où, au dire des domestiques, le bétail ne voulait pas manger de lupin, quelle que fût la forme sous laquelle on le lui présentait. Le maître promit cinq francs de gratification si cette répugnance venait à cesser, et huit jours n'étaient pas écoulés que vaches et chevaux y étaient habitués.

Il nous reste maintenant à parler de l'emploi des balles et des gousses pour l'alimentation du bétail.

La paille et les gousses sont données aux moutons; les balles, après avoir été soigneusement vannées, servent à préparer d'excellents fourrages pour les vaches et peuvent être jointes à la paille de seigle hachée. Elles s'en trouvent très-bien et donnent, soumises à ce régime, un lait excellent. Il faut donc constater que les moindres déchets de cette plante sont d'une utilité réelle dans l'exploitation.

C. *Valeur nutrititive du foin, de la balle et des gousses du lupin. Résultats obtenus.*

La valeur nutritive du foin de lupin, des gousses et de la paille, dépend beaucoup du mode de battage employé et du plus ou moins de graines qu'elles renferment encore. On admet que le lupin cultivé pour semence donne 2 quintaux de paille, balles et gousses, par hectolitre de graine nette; de sorte que, pour un rendement de 16 hectolitres à l'hectare, on aurait 64 quintaux métriques.

En théorie et d'après la table des équivalents nutritifs de Boussingault, basée sur la richesse de l'azote, les cosses du lupin vaudraient (le foin étant égal à 100). . . . . 150 à 200

La graine vaudrait . . . . 360 à 380

Toutefois, l'amertume du lupin, avec laquelle il faut compter, fait qu'en pratique la valeur nutritive de la paille de lupin est estimée à l'égal de celle de seigle; celle de la balle peut être comparée à du bon foin de trèfle; celle des gousses équivaut à du foin de moyenne qualité. Cette valeur va toutefois en diminuant par suite de la texture coriace qu'elles prennent. En outre, les gousses et les balles s'échauffent facilement et sont alors impropres à l'alimentation du bétail.

En somme, le lupin est un fourrage surtout recommandable pour l'espèce ovine, à laquelle il fournit un aliment sain.

Les bêtes à cornes s'en trouvent également bien, et il communique de la vigueur aux bœufs de travail pendant la saison des forts labeurs.

Les chevaux sont plus difficiles; ils ne se trouvent pas mal cependant d'une ration dans laquelle le lupin entre en proportion raisonnable.

Quant aux porcs, l'expérience s'est jusqu'ici prononcée moins favorablement en faveur du lupin, et nous serions tenté d'en déconseiller l'emploi, si dans ces derniers temps plusieurs éleveurs n'avaient déclaré l'avoir employé avec succès dans leurs porcheries.

FIN.

TABLE DES MATIÈRES.

CHAPITRE PREMIER.

Culture du lupin.

CHAPITRE DEUXIÈME.

Récolte du lupin.

CHAPITRE TROISIÈME.

Usages du lupin.

TROISIÈME LETTRE.

QUATRIÈME LETTRE.

CINQUIÈME LETTRE.

SIXIÈME LETTRE.

SEPTIÈME LETTRE.

HUITIÈME LETTRE.

Comment se comportent les plantes sous le rapport de l'absorption de leurs principes nutritifs incombustibles. – Influence du travail mécanique du sol sur sa fertilité. — Engrais verts. — Épuisement du sol. — Lois de cet épuisement pour les plantes cultivées. — État de la plupart des terres cultivées de l'Europe. — Action chimique qui se fait sentir pendant la distribution des substances nutritives dans le sol. — Fécondité des terres en culture. — Influence sur la qualité de la semence. — Conditions nécessaires à la production abondante des grains.— Comment agissent les herbages, les betteraves et les plantes à tubercules dans le sol. — Épuisement du sous-sol. — Rapport qui existe entre la quantité de nourriture qu'absorbe une plante et la surface externe de ses racines. — Fumure avec les engrais de basse-cour. — D'où provient le fumier. — Fumier d'étable. — Part que prennent les parties combustibles et incombustibles du fumier au rétablissement de la fertilité du sol. — Causes de l'action du fumier d'étable.

NEUVIÈME LETTRE.

Tous les phénomènes organiques sont dominés par la loi de la nécessité et de la dépendance mutuelle. — Comment les agronomes considèrent cette loi. — Analyse chimique et pratique. — Leçons de l'expérience sur tout ce qui a rapport au sol, à l'augmentation des produits et aux engrais, en opposition avec la science. — Opinions de Walz sur la composition du sol, sur les causes de sa fertilité et de son épuisement, et sur l'action du fumier. — Discussion de ces opinions. — Leçons de l'agriculture moderne sur la production du fumier. — Du guano et de son utilité en agriculture. — Conditions des terres dans la culture raisonnée.

DIXIÈME LETTRE.

Devoirs du cultivateur instruit et des professeurs d'agriculture. — Loi naturelle pour l'augmentation et la durée des produits des champs. — Culture de gaspillage. — Culture rationnelle. — Observations sur le mode de culture pratiqué en Amérique. — Culture intensive. — Rapports entre la production du trèfle et celle du grain. — Système de culture avec jachères, avant la guerre de Trente Ans. – Commencement de la culture du trèfle en Allemagne. — Culture triennale. — Culte qu'on semble rendre au fumier. — Erreur de l'agriculture moderne à ce sujet.

ONZIÈME LETTRE.

De l'ammoniaque comme substance nutritive des plantes. — Rôle de l'eau dans la végétation. — Conditions nécessaires à l'emploi de l'ammoniaque comme engrais. — Valeur agricole des différentes espèces de guano et des excréments des animaux. — Perte d'engrais par suite de l'accaparement des substances alimentaires par les villes. — Leur remplacement au moyen du guano. — Influence nuisible de la culture de la vigne et du tabac sur la production du grain et de la viande. — Cause naturelle de l'appauvrissement du sol au moyen de la culture.

DOUZIÈME LETTRE.

État de l'agriculture moderne sous le rapport historique. — Notions sur l'agriculture d'après les écrits des anciens Romains.

TREIZIÈME LETTRE.

De l'agriculture en Chine.

QUATORZIÈME LETTRE.

État dans lequel se trouvent les écoles supérieures d'agriculture. — Leur peu de vitalité. — L'enseignement scientifique en présence des cultivateurs. — Concordance des expériences chimiques et agricoles. — Formule simple pour les principes chimiques exprimés dans les lettres. — Recette pour la fertilité des champs et la durée constante de leurs rendements.

Les personnes qui désirent recevoir, sans retard et *franco*, cet ouvrage, sont priées d'en adresser le montant (en un *mandat-poste*) à l'éditeur ÉMILE TARLIER, Montagne de l'Oratoire, 5, à Bruxelles.

www.ingramcontent.com/pod-product-compliance
Ingram Content Group UK Ltd.
Pitfield, Milton Keynes, MK11 3LW, UK
UKHW021103260726
13994UKWH00002B/675

9 782329 397757